Kohlhammer

Nils Beneke
Jan Ole Unger

Einsatzübungen planen und durchführen

Ein Handbuch für Feuerwehren und Rettungsdienste

Verlag W. Kohlhammer

Die Abbildungen stammen – sofern nicht anders angegeben – von den Autoren.

2. Auflage 2023

Gesamtherstellung: W. Kohlhammer GmbH, Stuttgart

Print:
ISBN 978-3-17-043696-1

E-Book-Formate:
pdf: ISBN 978-3-17-043698-5
epub: ISBN 978-3-17-043699-2

Vorwort

»Es werden mehr Menschen durch Übung tüchtig, als durch ihre ursprüngliche Anlage.«

Dieses Sprichwort, das Demokrit zugeschrieben wird, soll als Motto für dieses Fachbuch gelten. Es trifft exakt den Kern, den wir mit diesem Buch bezwecken.

- Wir wollen motivieren, Neues zu lernen, Altes aufzufrischen.
- Wir wollen die Neugier wecken, etwas anderes auszuprobieren.
- Wir wollen zum Üben anspornen, tüchtig zu werden.

Und: Wir wollen umfangreiches Wissen teilen. In den über 15 Jahren, in denen wir uns intensiv mit der Aus- und Fortbildung von Feuerwehreinsatzkräften befassen, durften wir viele tolle Ausbilder, Instruktoren und Lehrer kennenlernen. Wir konnten von allen profitieren, neues Wissen erlangen und dabei unser vorhandenes Wissen auf den Prüfstand stellen. Das Ergebnis haben wir in diesem Buch zusammengefasst. Es richtet sich dabei an alle Ausbilder und Instruktoren von Feuerwehren, Rettungs- und Hilfsdiensten.

Die Erfahrungen, die wir gemacht haben, zeigen, dass durch sinnvolle, realistische und lebendig gestaltete Übungen zuvor gelerntes Wissen auf einem hohen Stand gehalten werden kann. Mit diesem Handbuch zeigen wir, wie man genau solche Übungen planen, anlegen, durchführen und nachbereiten kann. Was wir aber auch wecken wollen, ist die Kreativität, die in jedem guten Ausbilder steckt. Die Kreativität, Neues auszuprobieren, den Weg des Standards zu verlassen und auch mal unkonventionelle Übungen anzulegen.

Die Werkzeuge, die Ideen, die Anleitungen, die in diesem Buch enthalten sind, sollen dazu dienen, jede Einsatzübung lebendig und realistisch zu gestalten. Für den echten Einsatzerfolg müssen wir uns über gute Einsatzübungen annähern.
Denn: Es gibt sie immer wieder, die »unglaublichen« Einsätze, von denen die »Alten Hasen« erzählen. Wir sollten diese Szenarien also auch üben!

Wir möchten uns ganz herzlich für die großartige Unterstützung bei der Erstellung dieses Buches bedanken, bei:
Josef-Heinrich Amacker, Timo Drux, Timo Jann, Björn Liedtke, Franz Petter, Dr. Adrian Ridder, Oliver Taubmann, Jörg Thöne, Martin Trang, Markus Valle-Klann, Axel Varrelmann, Kai Zaengel, und Marco Zitzow
für die tollen Beiträge, die Fotos und auch für weitere Ideen für noch bessere Übungen.

Wir wünschen Ihnen jetzt viel Spaß beim Lesen, Gewinnen neuer Ideen und beim erfolgreichen Üben.

Nils Beneke und Jan Ole Unger, Hildesheim und Hamburg im April 2023

Inhaltsverzeichnis

Vorwort 5

1 Warum üben? **11**
1.1 Übungsstandard schaffen 11
1.2 Zweck der Organisation – gesetzlicher Auftrag 12
1.3 Technologischer Fortschritt – neue Einsatzmittel – neue Einheiten 15
1.4 Einflüsse von außen 16

2 Abgrenzung zur Basisausbildung **20**

3 Einsatzübungen – Definition und fünf Kategorien **22**
3.1 Einsatzübungen im Sinne dieses Buches 22
3.2 Fünf Kategorien von Einsatzübungen 24
3.2.1 Einsatzübung für eine Einheit 24
3.2.2 Einsatzübung für mehrere Einheiten derselben Organisation (Bsp. Zug/Verband, Fachgruppen) 25
3.2.3 Einsatzübung mit Einheiten der eigenen Organisation und anderen Organisationen zusammen 26
3.2.4 Führungskräftetraining mit eigenen Kräften 28
3.2.5 Führungskräftetraining mit interdisziplinären Teams 28

4 Einsatz von Simulation **30**
4.1 Wie Simulation Übungen unterstützen kann 30
4.2 Simulationstechniken 34
4.2.1 Virtuelle Realität/Virtual Reality (VR) 35
4.2.2 Erweiterte Realität/Augmented Reality (AR) 36
4.2.3 Vergleich von virtueller und erweiterter Realität – VS vs. AR 38
4.3 Simulationen in der Anwendung 38
4.3.1 Nutzen und Mehrwert von Simulationen 38
4.3.2 Nutzungsformen 39
4.3.3 Anforderungen und Aufwand 40
4.4 Simulationsmethodik 41
4.4.1 Ein Ökosystem von Übungsansätzen 41
4.4.2 Simulation als Kulturtechnik 41

5 Planung ... **43**
5.1 Übungsziel ... 45
5.2 Übungsauftrag ... 46
5.3 Objekte für Einsatzübungen ... 47
5.3.1 Gebäude ... 47
5.3.2 Verkehrsanlagen ... 49
5.3.3 Fahrzeuge ... 51
5.3.4 Natur ... 54
5.4 Teilnehmeranalyse ... 55
5.5 Übungsleitung/Übungskommandant ... 59
5.6 Schiedsrichter ... 62
5.6.1 Organisation des Schiedsrichterdienstes ... 63
5.6.2 Aufgaben ... 63
5.6.3 Dokumentation ... 64
5.6.4 ORTEN-Schema – ein Hilfsmittel für Schiedsrichter ... 64
5.7 Darsteller ... 67
5.8 Einsatzkräfte ... 70
5.9 Kontrollpunkte ... 72
5.10 Sicherheitskonzept ... 74
5.10.1 Rechtliches ... 74
5.10.2 Sicherheitskonzeption für Übungen ... 75
5.10.3 Sicherheitskonzeption und Rollenverständnis – Der Sicherheitsassistent ... 78
5.10.4 Arbeitssicherheitsexperte ... 81
5.10.5 Dokumentation und Sicherheitsarchitektur je Übungsstufe ... 82
5.11 Besonderheiten bei Übungen in der Nacht ... 84
5.11.1 Umsetzung im Übungsbetrieb ... 88
5.11.2 Auswahl der Objekte ... 90
5.11.3 Besprechung einer Nachtübung ... 91
5.12 Logistik und Verpflegung ... 91
5.13 Kosten ermitteln und einplanen ... 92
5.14 Phasenplanung/Drehbuch ... 94
5.15 Prototyp testen/Konzept überprüfen ... 94

6 Durchführung ... **96**
6.1 Dritte informieren! ... 96
6.2 Darstellung und Realistik des Szenarios ... 98
6.3 Einweisung der übenden Einsatzkräfte ... 108

6.4 Kommunikationsstruktur bei Einsatzübungen ... 109
6.4.1 Einsatzübung für eine Einheit ... 111
6.4.2 Einsatzübung für mehrere Einheiten derselben Organisation ... 113
6.4.3 Einsatzübung mit Einheiten der eigenen Einheit und anderen Organisationen ... 114
6.4.4 Führungskräftetraining ... 114
6.5 Übungsbeginn (Alarmierung) ... 116
6.6 Anfahrt ... 116
6.7 Übungsunterbrechung oder Übungsabbruch ... 117
6.8 Übung wird zum Realeinsatz ... 118
6.9 Übungssteuerung ... 118
6.10 Dokumentation der Übung ... 119
6.10.1 Aufzeichnungen ... 119
6.10.2 Zeiterfassung ... 120
6.11 Übungsende ... 120

7 Evaluation ... 122
7.1 Schlussbesprechung ... 122
7.2 Übungsnachbereitung ... 125

8 Einsatzübungen mit Drohnen ... 126
8.1 Einsatzmöglichkeiten von Drohnen zur Aufgabenerfüllung der BOS ... 128
8.2 Praxiserfahrungen für Drohnen in Übung und Einsatz ... 132

9 Presse- und Medienarbeit ... 134
9.1 Klassische Medien (Print, TV, Radio) ... 134
9.2 Social Media ... 135
9.3 Kriterien für Presseeinladung ... 138

10 10-Schritte-Konzept als Zusammenfassung ... 139

Fazit ... 142

Literaturverzeichnis ... 145

Anlagen **147**
A1 Einbindung externer Stellen 147
A2 Konzept 149
A3 Drehbuch 151
A4 Ereignisblatt 152
A5 Übungsbefehl 153
A6 Checkliste für den Übungskommandanten 154

1 Warum üben?

Dieses Kapitel befasst sich mit der Frage, warum Einheiten von Feuerwehren, Rettungs- und Hilfsdiensten oder dem Katastrophenschutz überhaupt üben sollen, üben müssen. Um mit dem Fußballstar Lionel Messi zu sprechen:

»Es dauerte 17 Jahre und 114 Tage zu einem Erfolg über Nacht«

Bild 1: ***Übungen müssen gut geplant und vorbereitet werden, um einen maximalen Erfolg zu erzielen. (Foto: Timo Jann)***

1.1 Übungsstandard schaffen

Die Leistungsfähigkeit einer Organisation hängt wesentlich davon ab, wie gut die Standards der Einsatzvorbereitung sind: Übungen haben hier einen hohen Stellenwert. Zurzeit gibt es keinen verbindlichen regulativen Rahmen für alle Einsatzorganisationen, der die Regelmäßigkeit und den Umfang von Einsatzübungen beschreibt. Fehlen solche Standards für eine Organisation oder Einheit, so müssen diese von der Organisationsleitung selbst entwickelt werden.

Um den Handlungsbedarf zu ermitteln, können folgende Fragen gestellt werden:

- Ist die Organisation, bzw. Einheit regelmäßig in Einsätze zur Gefahrenabwehr eingebunden?
- Gibt es häufiger Personalwechsel in der Organisation?
- Erfordern Sonderbauten/Objekte im Zuständigkeitsbereich eine umfangreiche Einsatzvorbereitung?
- Sind Einsatzkonzepte vorhanden, die aufgrund mangelnder Einsätze nur selten oder nie angewandt werden?

Diese Leitfragen können der Organisation helfen, die Intensität und den Umfang von Übungen zu bestimmen. Aus Sicht der Verfasser sollten mindestens folgende Übungen umgesetzt werden:

Tabelle 1:

Kategorie	Übungsvorschlag
Einsatzübung für eine Einheit	mind. 2 × pro Jahr
Einsatzübung für mehrere Einheiten derselben Organisation (Bsp. Zug/Verband, Fachgruppen)	mind. 1 × pro Jahr
Einsatzübung mit Einheiten der eigenen Einheiten und anderen Organisationen	mind. 1 × pro Jahr
Führungskräftetraining mit eigenen Kräften	mind. 2 × pro Jahr
Führungskräftetraining mit interdisziplinären Teams	mind. 1 × pro Jahr

1.2 Zweck der Organisation – gesetzlicher Auftrag

Feuerwehren, Rettungs- und Hilfsdienste erfüllen ihre Aufgaben im Rahmen der Daseinsvorsorge. Im Regelfall ist dieser in Gesetzen, in öffentlich-rechtlichen Verträgen oder anderen Regelwerken und Normen definiert. Beispielhaft wird hier das Ziel für die Feuerwehren nach dem nordrhein-westfälischen »Gesetz über den Brandschutz, die Hilfeleistung und den Katastrophenschutz (BHKG) vom 17.12.2015« angeführt:

»Ziel und Anwendungsbereich
(1) Ziel dieses Gesetzes ist es, zum Schutz der Bevölkerung vorbeugende und abwehrende Maßnahmen zu gewährleisten

1. *bei Brandgefahren (Brandschutz),*

2. *bei Unglücksfällen oder solchen öffentlichen Notständen, die durch Naturereignisse, Explosionen oder ähnliche Vorkommnisse verursacht werden (Hilfeleistung) und*
3. *bei Großeinsatzlagen und Katastrophen (Katastrophenschutz).«*

Bild 2: ***Jeder Einsatz von Feuerwehren, Rettungsdiensten und Katastrophenschutz-Einheiten erfolgt auf einer gesetzlichen Grundlage. (Foto: Timo Jann)***

Für den Rettungsdienst ist hier beispielhaft das Niedersächsische Rettungsdienstgesetz (NRettDG) angeführt:

»Der Rettungsdienst hat [...] bei lebensbedrohlich Verletzten oder Erkrankten und bei Personen, bei denen schwere gesundheitliche Schäden zu erwarten sind, wenn sie nicht unverzüglich medizinische Versorgung erhalten, die erforderlichen medizinischen Maßnahmen am Einsatzort durchzuführen, die Transportfähigkeit dieser Personen herzustellen und sie erforderlichenfalls unter fachgerechter Betreuung mit dafür ausgestatteten Rettungsmitteln in eine für die weitere Versorgung geeignete Behandlungseinrichtung zu befördern (Notfallrettung), wobei dies auch die Bewältigung von Notfallereignissen mit einer größeren Anzahl von Verletzten oder Kranken einschließt (Großschadensereignis), soweit nicht der Eintritt des Katastrophenfalls festgestellt wird[.]«

Für einen Schadenfall also, in welcher Form auch immer, ist im Regelfall – wenn nicht andere Behörden damit beauftragt sind – die Behörde der allgemeinen Gefahrenabwehr, die Gemeinde, zuständig. Zunächst haben die Katastrophenschutzbehörden z. B. bei einem Brand oder einem Eisenbahnunglück keine originäre Zuständigkeit. Die Behörden der allgemeinen oder besonderen Gefahrenabwehr, oder andere untere Verwaltungsbehörden, bleiben zuständig bis zu dem Zeitpunkt, in dem die Katastrophenschutzbehörde den Katastrophenfall feststellt. Erst mit dieser Feststellung geht die Zuständigkeit automatisch auf diese Behörde über, die dann die zentrale Leitung der Bekämpfungsmaßnahmen übernimmt und die Aufgabenerledigung koordiniert. Alle diese Behörden und Einrichtungen haben sich dann der Katastrophenschutzbehörde zu unterstellen oder Amtshilfe zu leisten.

Für die Feststellung des Katastrophenfalles gibt es eine Regelung im Niedersächsischen Katastrophenschutzgesetz, die besagt:

»[Ein Katastrophenfall ist] ein Notstand [...], der Leben, Gesundheit oder die lebenswichtige Versorgung der Bevölkerung, die Umwelt oder erhebliche Sachwerte in einem solchen Maße gefährdet oder beeinträchtigt, dass seine Bekämpfung durch die zuständigen Behörden und die notwendigen Einsatz- und Hilfskräfte eine zentrale Leitung erfordert.«

Die Katastrophe weist also nach ihrer gesetzlichen Definition eine quantitative und qualitative Dimension auf:

- Die Gefährdung bestimmter Rechtsgüter und
- die Erforderlichkeit der Führung einer Vielzahl unterschiedlicher Einsatzkräfte
- über einen längeren Zeitraum und
- die einheitliche Koordination und Vernetzung von Behörden und Einrichtungen.

Für den Betrieb von regionalen Verkehrsflughäfen und Verkehrslandeplätzen gibt es die »Gemeinsame Empfehlung des Bundes und der Länder für das Feuerlösch- und technische Rettungswesen auf regionalen Verkehrsflughäfen und Verkehrslandeplätzen mit Linien- und/oder Pauschalflugverkehr«. In dieser Empfehlung sind sehr detailliert die Anforderungen und die Aufgabe beschrieben. In Ziffer 6 heißt es:

»Insgesamt muß das technische Rettungspersonal den örtlichen Gegebenheiten Rechnung tragen. Die technische Rettung ist vom Flugplatzbrandschutz zu leisten. Sie umfasst z. B. die Befreiung eingeklemmter Personen bzw. die Herstellung von Zugangsmöglichkeiten in ein Flugzeug bei verklemmten Türen.«

1.3 Technologischer Fortschritt – neue Einsatzmittel – neue Einheiten

Feuerwehren, Rettungsdienste oder Katastrophenschutzeinheiten der Hilfsorganisationen unterliegen einem stetigen Wandel. Neue Fahrzeuge werden beschafft, veraltete Rettungsgeräte gegen neue ausgetauscht oder eine komplett neue Einheit wird gegründet. Der Einsatz von Robotern zur Brandbekämpfung oder Hilfeleistung, dort wo der Einsatz von Menschen zu gefährlich ist, ist kein ungewöhnliches Bild an einer Einsatzstelle mehr und wird in Zukunft deutlich zunehmen. Drohnen werden von Feuerwehren, Hilfsorganisationen oder dem Technischen Hilfswerk zur Erkundung von Flächenlagen nach einem Unwetter, zur Personensuche oder für die Luftbildauswertung bei großen Brandstellen regelhaft eingesetzt. Dieser Wandel mit dem Neuen muss, nachdem eine umfassende Basisausbildung erfolgt ist, regelmäßig geübt werden. Als Beispiel für den Wandel können die folgenden Punkte genannt werden:

- Neue Einsatzfahrzeuge für die Bewältigung des gesetzlich festgelegten oder des politisch gewollten Auftrags werden beschafft.
- Schutzkleidung wurde verändert, erweitert und mit neuen Funktionen (z. B. mit integriertem Gurtsystem) versehen.
- Abgängige Rettungsgeräte werden ausgetauscht und neu beschafft.
- Ein neues oder ein verändertes, einsatztaktisches Konzept wird in der Organisation eingeführt.
- Eine neue Einheit wird in der Organisation gegründet.

Da Drohnen technologisch ausgereifter, im Gewicht leichter und dabei zeitgleich finanziell günstiger werden, dürften diese für den Einsatz von Feuerwehren, Rettungsdiensten und Hilfsorganisationen zunehmend an Bedeutung gewinnen. Daher wird in diesem Buch auch der Nutzen von Drohnen für den Einsatz und somit das Ziel von Übungen, aber auch der Einsatz von Drohnen zur Übungsdokumentation anderer Übungen, beschrieben. Siehe auch Kapitel 8.

Bild 3: ***Werden neue Fahrzeuge beschafft oder neue Aufgaben innerhalb einer Organisation übernommen, muss dies umfassend ausgebildet und beübt werden.***

1.4 Einflüsse von außen

Die Welt ist immer in Bewegung. Neue Bauwerke werden gebaut, Technologien verändern sich, sportliche, kulturelle und gesellschaftliche Großereignisse finden direkt in Städten statt. Die Gesellschaft und die Sicherheitslage verändern sich dabei stetig.

Beispiele dafür können sein:

- Einmalige oder wiederkehrende Veranstaltungen wie eine Fußballweltmeisterschaft, Treffen der G20, Tag der deutschen Einheit, Hamburger Hafengeburtstag, Fridays for Future Demonstrationen usw.,
- Neubau eines Straßen- oder Eisenbahntunnels,
- Bau eines Störfallbetriebs,
- Bedrohung durch geänderte Sicherheitslage, z. B. durch internationalen Terrorismus.

Feuerwehren und Rettungsdienste müssen sich hier kurz- aber auch langfristig an diese Veränderungen anpassen. Zur Vorbereitung auf solche Ereignisse sind Einsatzübungen zwingend erforderlich.

»Die Feuerwehr hat bei ihren Einsätzen die Aufgabe, auf der Basis meist lückenhafter Informationen, eine oder gleichzeitig mehrere Gefahren zu bekämpfen.« FwDV 100

Die Begründung für Übungen liegt dabei klar auf der Hand:

- Warum benötigen wir Einsatzübungen?
  - Damit der Einsatz besser läuft.
- Warum sollte der Einsatz besser laufen?
  - Damit Bürger*innen gut geschützt sind.
- Warum sollten Bürger*innen besser geschützt sein?
  - Weil der Staat es im Rahmen der Daseinsvorsorge versprochen hat.

Feuerwehren und Rettungsdienste übernehmen mit ihren Aufgaben eine besondere Verantwortung. Sie haben mit anderen Organisationen und Teams bspw. aus den Bereichen Luftfahrt und medizinische Versorgung eines gemein: Sie alle sind »High Responsibility Teams« – Hochverantwortungsteams. Doch was zeichnet Hochverantwortungsteams aus? An erster Stelle ist vor allem die hohe Verantwortung für das höchste Gut, das Menschenleben, zu nennen. Daraus resultieren einige Anforderungen an die Einsatzkräfte. Faktoren wie Zeitdruck, Handlungsdruck und die Erreichung eines gewissen Zuverlässigkeitslevels verlangen einen hohen Anspruch an eine zielgerichtete und bedarfsorientierte Aus-, Fort- und Weiterbildung (Basisausbildung).

Tabelle 2: ***Gegenüberstellung von klassischen Teams und High Responsibility Teams in Bezug auf die Konsequenzen der Teamprozesse und ihre Ergebnisse (Quelle: Prof. Dr. Vera Hagemann)***

Konsequenzen von Teamprozessen	Klassische Teams	High Responsibility Teams
Reversibilität der Ergebnisse?	in der Regel ja	in der Regel nein
Körperliche und psychische Schäden?	nein	ja
Wem wird geschadet?	dem Team und der Organisation	dem Team, der Organisation und Dritten
Verantwortung für das Leben anderer	nein	ja
Abbruch der Situation möglich?	ja	nein
Arbeitsunterbrechung möglich?	Pause etc. sind möglich	Pausen etc. sind in der Regel nicht möglich
Medien Büro/Öffentlichkeit?	in der Regel nicht	ja

Eine gute Basisausbildung ist die Grundlage für die Durchführung von Einsatzübungen, bei denen sich das Zusammenspiel und die Handlungsabläufe für den Einsatz trainieren lassen.

Beispiel:

Die Feuerwehr Clervaux wurde an einem Mittwoch um 02:12 Uhr zu »Feuer, Rauchentwicklung in einem Mehrfamilienhaus, mehrere Personen eingeschlossen/vermisst« alarmiert. Zu diesem Zeitpunkt herrschte Frost und es lag Schnee.
Der Bericht des Wehrführers der Feuerwehr Clervaux und Einsatzleiters vor Ort Sven Arend:
»Durch die Ausbildung von DREHLEITER.info konnte die Drehleiterbesatzung die fünf Leben retten. Wir hatten Feuer in einer Wohnung eines Mehrfamilienhauses im ersten Obergeschoss. Das Treppenhaus sowie das zweite Obergeschoss waren bereits komplett verraucht. Bei meiner Ankunft als Einsatzleiter und zeitgleich meinem ersten HLF schlugen die Flammen bereits aus dem Fenster der Brandwohnung und der Rauch drang aus allen anderen offenen Fenstern im zweiten Obergeschoss.
Das erste OG konnte durch die Bewohner selbst verlassen werden. Mehrere Personen waren im zweiten OG durch die Intensität des Feuers und des Brandrauchs eingeschlossen. Drei Personen standen an zwei verschiedenen Fenstern und schrien um Hilfe.
Unsere Drehleiter war nur kurz nach dem ersten HLF vor Ort und mit drei Maschinisten besetzt, die durch DREHLEITER.info in Clervaux geschult wurden.

Insgesamt konnten fünf Menschen über die Drehleiter gerettet und mit dem Verdacht auf Rauchgasinhalation in ein Krankenhaus befördert werden. Dies konnten alle Patienten bereits nach fünf Tagen wieder verlassen.
Nur durch die Ausbildung von DREHLEITER.info konnte ich »sehr ruhig« meine Prioritäten der Menschenrettung festlegen und die Drehleiterbesatzung konnte diese sauber und professionell umsetzen und die fünf Leben retten.
Nach dem Einsatz sagten mir alle drei Kameraden der Drehleiterbesatzung: »Das war genauso wie im Training mit Jan Ole Unger und Nils Beneke. Nur halt echt.««

2 Abgrenzung zur Basisausbildung

In einer Übung werden bereits erworbene Fähigkeiten, Fertigkeiten oder wird Wissen durch gezieltes, methodisches und wiederholtes Handeln gefestigt, vertieft oder in Teilen neu erworben. Im Rahmen einer **Ausbildung** werden Fertigkeiten und Kenntnisse erstmalig erworben. Eine Ausbildung umfasst eine breit angelegte Grundbildung und die curriculare Vermittlung der für die Ausübung einer qualifizierten Tätigkeit notwendigen fachlichen Fertigkeiten und Kenntnisse in einem geordneten Ausbildungsgang (Curriculum). Dieses Curriculum wird durch Dienstvorschriften der Feuerwehren, der Rettungsdienste und Hilfsorganisationen geregelt.

Mit **Weiterbildung** wird die Wiederaufnahme organisierten Lernens mit dem Ziel der Spezialisierung einer bereits vorhandenen Qualifikation zum Erwerb von Fähigkeiten zur Tätigkeit in spezifischen Bereichen bezeichnet. Als Beispiel: Ein Drehleiter-Maschinist der Feuerwehr wird weitergebildet, um die spezielle Zusatzqualifikation »Heben von Lasten mit Hubrettungsfahrzeugen« zu erhalten. Ein Rettungsschwimmer und Gerätetaucher der DLRG bildet sich weiter, um Rettungstaucher zu werden. Auch eine Weiterbildung ist in der Regel curricular strukturiert und schließt mit einem Zertifikat oder einer einfachen Teilnahmebescheinigung ab.

Der Begriff **Fortbildung** ist im Berufsbildungsgesetz (BBiG) geregelt. Fortbildung erfolgt im Rahmen eines ausgeübten Berufs oder einer Tätigkeit und zielt auf die Erhaltung, Erweiterung und technische Anpassung der Qualifikationen, die in einer Ausbildung erworben wurden, ab. Sie dient dazu, die Kenntnisse und Fähigkeiten zu erhalten, zu erweitern und an die fachlichen Entwicklungen anzupassen. Einsatzübungen können hierbei eine wirksame Methode sein, um Abläufe, Handlungen oder ein Zusammenwirken von mehreren Einsatzkräften oder Einheiten zu trainieren

Eine grundlegende Basisausbildung, beispielsweise zum einsatztaktischen Wissen für Einsatzkräfte, zu speziellen Fertigkeiten im Umgang mit Rettungsgerät oder in der Zusammenarbeit verschiedener Einheiten, sollte vorab bereits erfolgt sein, um eine Einsatzübung durchzuführen. Dennoch kann es Rahmen der Ausbildung von Einsatzkräften je nach Ausbildungsthema sinnvoll sein, auch Übungen als Ausbildungsmethode zu nutzen.

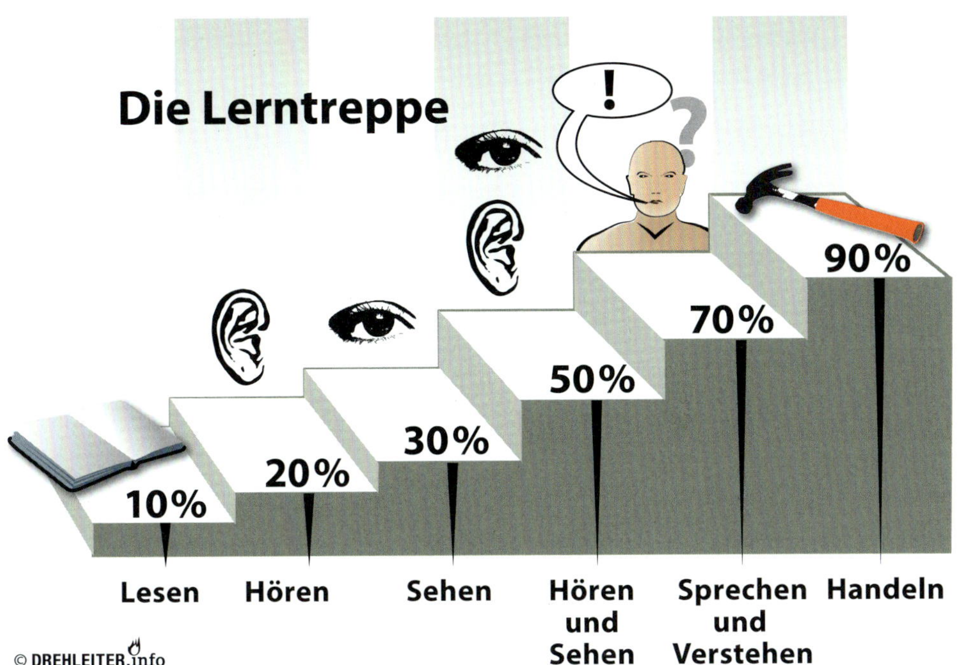

Bild 4: *Handeln ist der beste Weg, um Wissen, Fertigkeiten und Kompetenzen zu trainieren.*

3 Einsatzübungen – Definition und fünf Kategorien

In diesem Kapitel wird der Begriff »Einsatzübung« definiert. Weiterhin werden fünf Kategorien von Einsatzübungen für unterschiedliche Zielgruppen und Größen beschrieben.

3.1 Einsatzübungen im Sinne dieses Buches

Das vorliegende Buch behandelt das Thema »Planen und Durchführen von Einsatzübungen«. Der Begriff Einsatzübungen wird in diesem Buch für **praktische Einsatzübungen und Planübungen** gebraucht. Es handelt sich bei dem Begriff nicht um die Definition aus den deutschen Feuerwehr-Dienstvorschriften, sondern beschreibt allgemein die Einsatzübungen für alle Einsatzorganisationen, egal ob Feuerwehr, Rettungs- oder Hilfsdienste im deutschsprachigen Raum. Anstelle der namentlichen Nennung der Einheiten, wird deshalb teilweise auch nur der Begriff »Organisation« verwendet.

Merke:

Eine Einsatzübung ist eine praktische Übung oder eine Planübung und dient dem Zweck der Vorbereitung auf reale Einsätze von Feuerwehren, Rettungs- oder Hilfsdiensten. Die Übenden verfügen bereits vor der Einsatzübung über die erforderlichen Ausbildungen, um die Anforderungen der Übung zu erfüllen.

Die Definition des vorliegenden Buches weicht von den bereits bekannten Definitionen der deutschen Feuerwehr-Dienstvorschriften ab. Diese Vorschriften regeln die Ausbildung der Feuerwehrangehörigen und beschreiben somit die Basisausbildung. In der Feuerwehr-Dienstvorschrift 2 (FwDV 2) sind Einsatzübungen wie folgt definiert und wird als Bestandteil der Basisausbildung eingesetzt:

»In Einsatzübungen sollen von den Teilnehmern die erlernten Techniken unter möglichst realistischen Bedingungen eingesetzt werden. Hierbei gilt es, den am Unterricht Teilnehmenden die Möglichkeit zu eröffnen, ihre (vermeintlich) bereits beherrschten Einzeltechniken im Zusammenspiel mit anderen umzusetzen. Dabei stehen weniger die mithilfe der praktischen Unterweisung erworbenen Einzeltech-

niken im Vordergrund als die gemeinsame Arbeit am Problem und die Wahrnehmung von festgelegten unterschiedlichen Funktionen, die erst in ihrer Gesamtheit den Einsatzerfolg ermöglichen.«

Bild 5: **Die Zusammenarbeit von unterschiedlichen Organisationen in kritischen Situationen kann durch gemeinsame Einsatzübungen deutlich verbessert werden. (Foto: Marco Zitzow)**

In der FwDV 2 ist die Planübung wie folgt definiert und wird hier als Bestandteil der Basisausbildung eingesetzt:

»Die Planübung ist eine besondere Form des Rollenspiels, bei der in der Regel nur eine Rolle (die des Einsatzleiters oder eines Einsatzabschnittsleiters) vergeben wird. Bei der Planübung wird einem oder mehreren am Unterricht Teilnehmenden ein vorher festgelegter praxisbezogener Fall vorgelegt, der ein Entscheidungsproblem enthält. Dieses Problem wird allein oder in gemeinsamer Arbeit analysiert und gelöst. Voraussetzung für eine erfolgreiche Planübung ist eine möglichst realistische Falldarstellung aus der Sicht derjenigen, die die Rolle der Entscheidungsträger

übernehmen. Die Lehrgangsgruppe soll acht Teilnehmer je Ausbilder nicht übersteigen.«

3.2 Fünf Kategorien von Einsatzübungen

Die folgenden Ausführungen beschreiben die fünf Kategorien, in welchem Umfang Übungen organisiert und durchgeführt werden können. Die Begriffe sind nicht auf eine Organisation festgelegt, sondern allgemein verwendbar. Zudem lässt sich je nach verfügbaren Ressourcen die richtige Kategorie auswählen, um Übungen anbieten zu können.

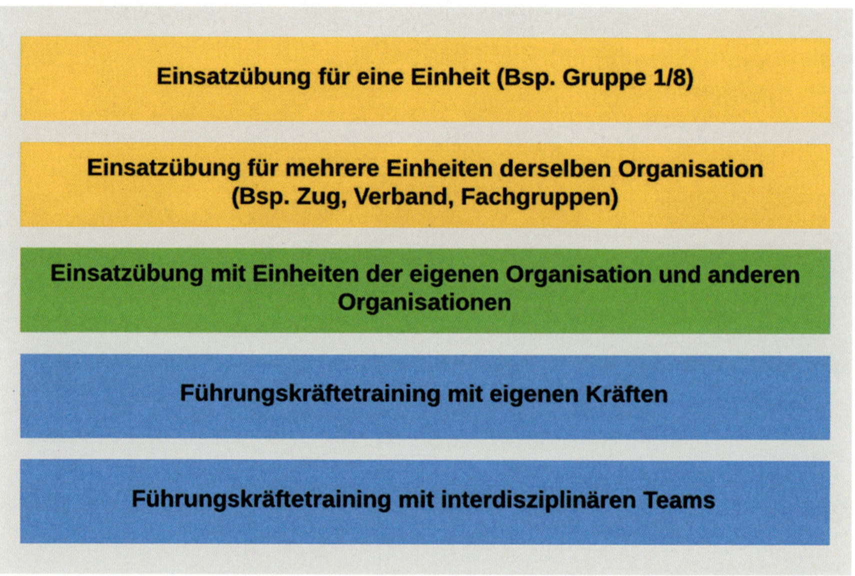

Bild 6: ***Die fünf Kategorien von Einsatzübungen***

3.2.1 Einsatzübung für eine Einheit

Die Einsatzübungen für eine Einheit sind auf eine Gruppe bzw. eine kleine Einheit ausgerichtet, die durch eine Führungskraft geführt wird. Der Aufwand für diese Übungen ist überschaubar, weil der Abstimmungsbedarf mit anderen Einheiten oder

Organisationen entfällt. Übungen in dieser Kategorie sollten jedoch immer mit einem separaten Übungskommandanten (siehe Kapitel 5.5) durchgeführt werden. Die Übung einer Einheit, in der der Einheitsführer Übender und Übungskommandant zugleich ist, kann nicht sinnvoll funktionieren.

Bild 7: ***In kleinen Einheiten lässt sich die Handhabung von Geräten effizient üben. (Foto: Timo Jann)***

Exemplarische Merkmale dieser Einsatzübung:

- Übende: eine Führungskraft und Einheit der eigenen Organisation,
- für die Übung notwenige Einsatzmittel,
- Übungskommandant.

3.2.2 Einsatzübung für mehrere Einheiten derselben Organisation (Bsp. Zug/Verband, Fachgruppen)

Einsatzübungen mit mehreren Einheiten derselben Organisation bieten hinsichtlich der Aufgabenstellung und Umsetzung vielfaltige Möglichkeiten. Bei diesen Übungen können umfangreichere Aufgaben und Einsatzbeispiele umgesetzt werden. Hier ist jedoch bereits ein höherer Aufwand für Vorbereitung und Durchführung zu berücksichtigen. In jedem Fall ist ein Übungsteam einzusetzen, weil nicht nur mindestens zwei Einheiten, sondern auch drei Führungskräfte durch Schiedsrichter beobachtet werden müssen.

Exemplarische Merkmale dieser Einsatzübung:

- Übende: Führungskräfte verschiedener Stufen und Einheiten der eigenen Organisation,
- für die Übung notwenige Einsatzmittel,
- Übungskommandant und Schiedsrichter (siehe auch Kapitel 5.5 und 5.6).

Bild 8: ***Einsatzübung eines Löschzuges der Feuerwehr bei einer Gefahrstoffübung mit Menschenrettung (Foto: Timo Jann)***

3.2.3 Einsatzübung mit Einheiten der eigenen Organisation und anderen Organisationen zusammen

Den größten Aufwand erfordert eine Einsatzübung mit Einheiten der eigenen Organisation und anderen Organisationen zusammen. Hier sind ein hoher Abstimmungsbedarf und eine umfangreiche Planung erforderlich. Bereits in der Planungsphase sind alle Einheiten zu beteiligen. In diese Übungen werden die Anforderungen und Bedürfnisse unterschiedlicher Organisationen integriert. Es liegt eine Lage mit teilweise sehr differenzierten Aufgaben vor. Beispielsweise: Versorgung lebensbedrohlicher Verletzungen, Bekämpfung eines Brandes, Anheben oder Sichern von Bauteilen, Sichern von Gefahrenbereichen, ggf. Aufbau von Logistik, Transportorganisation einer Vielzahl von Verletzten.

Exemplarische Merkmale dieser Einsatzübung:

- Übende: eine Führungskraft und Einheit der eigenen und anderen Organisation,
- notwenige Einsatzmittel,
- Übungskommandant kommt von der ausrichtenden Organisation,
- verantwortlicher Schiedsrichter je Organisation,
- Schiedsrichter der mitwirkenden Organisationen.

Bild 9: ***Praktische Übungen mit unterschiedlichen Einheiten verbessern die Zusammenarbeit im Realeinsatz. (Foto: Timo Jann)***

3.2.4 Führungskräftetraining mit eigenen Kräften

Führungskräftetraining mit eigenen Kräften eignet sich für die Bearbeitung von Einsatzszenarien mit der eigenen Führungsorganisation. Hier können Abläufe, Standardprozesse und das Verständnis unterschiedlicher Führungsstufen in vertrautem Rahmen geübt und trainiert werden.

Exemplarische Merkmale dieser Einsatzübung:

- Übende: Führungskräfte der beteiligten Organisationen aus ggf. unterschiedlichen Führungsstufen, Einheiten der beteiligten Organisationen,
- Ausstattung für Übungsdarstellung,
- ggf. Einsatzmittel,
- Übungskommandant,
- ggf. Schiedsrichter je übender Führungskraft (siehe auch Kapitel 5.6.1).

3.2.5 Führungskräftetraining mit interdisziplinären Teams

Das Führungskräftetraining mit interdisziplinären Teams zielt auf die Zusammenarbeit mit den Führungskräften weiterer Organisationen ab. Vorrangig sollen hier Abstimmungsprozesse und der Weg zu Entscheidungen für Einsätze trainiert werden. Geübt wird in dieser Kategorie zudem auch das Verständnis der unterschiedlichen Strukturen und Aufgabenwahrnehmungen der Organisationen. So hat bspw. für Rettungsdienste der schnelle Transport von Patienten in geeignete Behandlungseinrichtungen die höchste Priorität, für Feuerwehrkräfte neben der Gefahrenabwehr auch die Organisation von zahlreichen Ressourcen über teilweise lange Zeiträume. Ziel ist unter anderem, ein gegenseitiges Verständnis der unterschiedlichen Arbeits- und Vorgehensweisen zu erhalten.

Exemplarische Merkmale dieser Einsatzübung:

- Übende: Führungskraft der beteiligten Organisationen aus ggf. unterschiedlichen Führungsstufen,
- Ausstattung für Übungsdarstellung,
- ggf. Einsatzmittel,
- Übungskommandant kommt von der ausrichtenden Organisation,
- verantwortlicher Schiedsrichter je Organisation,
- Schiedsrichter der mitwirkenden Organisationen.

Bild 10: ***Für regelmäßiges Entscheidungstraining von Führungskräften – auch von interdisziplinären Teams – eignen sich Planübungen.***

4 Einsatz von Simulation

Markus Valle-Klann

4.1 Wie Simulation Übungen unterstützen kann

In diesem Kapitel geht es um computergestützte Simulationen mit menschlichen Teilnehmern und deren Nutzung für Einsatzübungen. Ziel des Abschnitts ist dabei lediglich, einen kurzen, generellen Überblick zu Grundlagen, verfügbaren Technologien und Anwendungsformen zu geben. Wir gehen dabei bewusst nicht auf konkrete Anwendungen und bestimmte Produkte ein, sondern fokussieren uns darauf, generelle Grundlagen zu vermitteln, um Anwendern bei der eigenständigen Bewertung behilflich zu sein.

Die vielleicht wichtigste grundlegende Erkenntnis zum Thema Simulation ist, dass es sich dabei um eine normale und allgegenwärtige menschliche Tätigkeit handelt. Bereits die alltägliche Handlung, sich rein gedanklich mögliche Abläufe vorzustellen, kann als eine Form der Simulation verstanden werden. Mit anderen Worten: Man kann die menschliche Vorstellungskraft als eine Art Simulationsfähigkeit begreifen. Dank dieser Fähigkeit können sich Menschen, die über Jahre oder Jahrzehnte Erfahrungen gesammelt haben, auf Basis wahrgenommener Informationen schnell und mit hoher Verlässlichkeit zukünftige Abläufe vorstellen, ohne dafür alle verfügbaren Informationen einzeln analysieren zu müssen.

Auf der einen Seite können wir unseren Erfahrungsschatz auf diese Weise schnell und flexibel auf neue Situationen anwenden. Auf der anderen Seite entsteht dadurch aber auch die Gefahr, durch unzutreffende Annahmen oder Schlüsse Situationen falsch einzuschätzen. Daher müssen wir unsere Vorstellung kontinuierlich mit unserer Wahrnehmung der Realität vergleichen und gegebenenfalls unsere Vorstellung anpassen.

Einsatzübungen, wie sie in diesem Buch beschrieben werden, unterstützen die Entwicklung dieser Fähigkeiten in zweifacher Weise:

1. Sie bieten eine Gelegenheit, sowohl erlerntes theoretisches Wissen als auch bereits gemachte Erfahrungen auf praxisrelevante Situationen anzuwenden. Diese Funktion ist von besonderer Wichtigkeit, weil Menschen anders denken und agieren, wenn sie sich in einem konkreten Handlungskontext befinden als wenn sie sich theoretisch mit einem Thema befassen, etwa beim Lesen oder im theoretischen Unterricht.

2. Sie bieten Gelegenheit, bei dieser Anwendung neue Erfahrungen zu sammeln.

Dennoch ist es wichtig, festzuhalten, dass auch Einsatzübungen in aller Regel nur eine mehr oder weniger genaue Annäherung an die Realität von Einsätzen sind. Auch Einsatzübungen sind in diesem Sinne Simulationen der Realität. Und Feuerwehren hatten bereits eine lange Tradition, solche Simulationen in realen Umgebungen oder auch in Form von Plantischübungen umzusetzen bevor an computergestützte Simulationen auch nur gedacht wurde. In diesem Sinne sollten computergestützte Simulationen als ein weiteres Werkzeug verstanden werden, das wie andere Simulationsansätze auch unter Beachtung seiner besonderen Eigenschaften, insbesondere seiner Möglichkeiten und Grenzen, und in Abhängigkeit von den jeweiligen Zielen einzusetzen ist.

Vereinfacht gesagt werden Einsatzübungen also nicht einfach so realistisch wie möglich abgehalten, sondern in Abhängigkeit von den jeweiligen Zielen und der gewählten Übungsform so realistisch wie nötig. Wie bei allen Simulationen müssen daher auch bei Einsatzübungen die Unterschiede zur Realität und damit die Einschränkungen der Aussagekraft möglichst gut herausgearbeitet werden, sodass den Teilnehmern die Übertragung der gemachten Erfahrungen auf zukünftige reale Einsätze möglichst verlässlich gelingt. Dies gelingt in der Regel umso besser, je mehr reale Einsatzerfahrung die Teilnehmer mitbringen. Denn Teilnehmer benutzen diese Erfahrung, um sich in das simulierte Einsatzgeschehen hineinzuversetzen, um damit erkannte Lücken der Simulation zu füllen und die Grenze ihrer Aussagekraft zu erkennen. Im Sinne der eingangs beschriebenen menschlichen Simulationsfähigkeit kann man sagen, dass Teilnehmer an Einsatzübungen parallel das Einsatzgeschehen mit ihrer Vorstellungskraft simulieren. Es ist daher nicht erforderlich und natürlich in aller Regel auch nicht möglich alle Aspekte des Einsatzgeschehens mithilfe der Simulationsmittel abzubilden. Vielmehr dienen diese insbesondere dazu, die Vorstellungen der Teilnehmer zum Einsatzgeschehen soweit in Übereinstimmung zu halten, wie dies für die Übungsziele erforderlich ist.

Die erfolgreiche Anwendung von computergestützten Simulationen ist dabei sicherlich eine besondere Herausforderung. Nicht nur gibt es bereits ein breites Spektrum solcher Simulationen, von sehr einfachen, relativ statischen bis hin zu sehr komplexen und dynamischen. Die weitere technische Entwicklung wird dieses Spektrum in der Zukunft noch erheblich erweitern. Die Herausforderung besteht also darin, aus diesem Spektrum an technischen Möglichkeiten in Abhängigkeit von Teilnehmern und Übungszielen geeignete Optionen auszuwählen und diese in geeigneter Weise einzusetzen. Die folgenden Abschnitte erläutern kurz einige wesentliche Aspekte, um Simulationen im Allgemeinen und computergestützte Simulationen im Besonderen verstehen und einordnen zu können.

Bild 11: ***Mithilfe von spezieller Software können Einsätze für ein Training von Feuerwehren, Rettungsdiensten und anderen Hilfsorganisationen simuliert werden.***

Modelle – auf Sand gebaut?

Simulationen beschreiben das Verhalten einer Vorstellung über die Realität, eines Modells, also nicht direkt das Verhalten der Realität selbst. Die Qualität der Schlussfolgerungen, die man aus Simulationen über die Realität ziehen kann, hängt daher davon ab, inwieweit das Modell die Realität zutreffend abbildet. Ohne solide empirische Fundierung von Modellen durch Fakten über die Realität sind Simulationen »auf Sand gebaut« und Schlussfolgerungen unsicher.

Abstraktion – die Kunst des Weglassens

Wie oben erläutert sind menschliche Erfahrung und Vorstellungskraft wesentliche Faktoren, um Simulationen zu prüfen und zu ergänzen. Bei computergestützten

Simulationen ist es daher weder nötig noch sinnvoll, den Realismus in jeder Hinsicht so weit wie möglich voranzutreiben. Vielmehr muss je nach Randbedingungen (Ziele, Teilnehmer) eine passende Abstraktion gefunden werden, d. h. es muss geprüft werden, welche Aspekte in welcher Form berücksichtigt werden müssen, um die Ziele zu erreichen und welche weggelassen werden können. Eine zu spezifische Gestaltung von Simulationen kann dagegen hinderlich sein, etwa indem die Vorstellungskraft der Teilnehmer nicht oder weniger gefordert wird und diese ihre Erfahrung dann nicht im wünschenswerten Umfang einbringen.

Fokussierung und Verdichtung

Wie bei anderen Übungen auch, sollten auch bei computergestützten Simulationen je nach Trainingszielen die dafür relevanten Aspekte identifiziert und auf diese fokussiert werden. Um Übungen effizienter zu machen, können dabei Aspekte in höherer Dichte berücksichtigt werden, als diese für gewöhnlich in realen Einsätzen auftreten würden.

Starr oder flexibel

Eine weitere Gestaltungsdimension für computergestützte Simulationen besteht in dem Handlungsspielraum für Teilnehmer. Je nachdem wie starr oder flexibel eine Simulation gestaltet ist, ist der Handlungsspielraum mehr oder weniger eingeschränkt und bietet Teilnehmern mehr oder weniger Handlungsmöglichkeiten. Z. B. für die Erreichung bestimmter Lernziele ist es wie bereits erläutert häufig sinnvoll, sich auf diese zu fokussieren und dafür die Handlungsmöglichkeiten entsprechend einzuschränken. Aber damit geht unter Umständen auch eine Herabsenkung des Realismus einher, wenn etwa Handlungsoptionen ausgeschlossen werden, die in realen Einsätzen vorhanden wären. Daher ist der passende Handlungsspielraum je nach Randbedingungen sorgfältig zu wählen.

Immersion

Wie zuvor erwähnt, denken und handeln Menschen anders, wenn sie sich in einem konkreten Handlungskontext befinden. Simulationen können Menschen mehr oder weniger stark in solch konkrete Handlungskontexte versetzen. Das Ausmaß, in dem dies der Fall ist, wird als Immersion bezeichnet. Für die Erreichung bestimmter Ziele ist Immersion förderlich, etwa für realistisches eigenes Handeln in der gegebenen Situation. Für andere Ziele, wie etwa eine analytische Betrachtung komplexer Situationen ist Immersion hingegen nicht erforderlich, sondern im Gegenteil unter Umständen hinderlich. Auch bei Immersion kommt es also darauf an, die übungszielrelevante Umsetzung anzustreben.

4.2 Simulationstechniken

Es gibt zahlreiche Technologien, die für computergestützte Einsatzübungen relevant sind. Dazu zählen Technologien für visuelle, akustische und haptische Ausgabe, für diverse Formen von Benutzereingaben, für Berechnungen und für Kommunikation sowie diverse Softwaretechnologien für Erstellung, Durchführung und Analyse von Übungen. Die Anzahl der Produkte, die diese Technologien in verschiedenen Kombinationen und Ausprägungen umsetzen, ist noch um ein Vielfaches größer. Zudem befindet sich dieser Technologiebereich aktuell in rascher Entwicklung, sodass eine umfassende und stabile Beschreibung aller Optionen nicht möglich ist. Auch eine langfristige Prognose der Eignung bestimmter Technologien für bestimmte Anwendungsfälle kann nur eingeschränkt vorgenommen werden, da laufende Verbesserungen der Leistung bei gleichzeitig fallenden Preisen den Eignungsgrad regelmäßig verschieben. Für konkrete Anwendungen muss von Fall zu Fall bewertet werden, welche der jeweils verfügbaren Produkte unter den gegebenen Randbedingungen die beste Option darstellen.

Wie bereits erläutert, spielt sich ein wesentlicher Teil auch von computergestützten Einsatzübungen in den Köpfen der Teilnehmer ab. Daher können auch einfache Formen computergestützter Simulationen bereits einen Mehrwert für Einsatzübungen liefern, wenn sie geeignet eingesetzt werden. Es gibt zwei Voraussetzungen für einen geeigneten Einsatz: Erstens ist dies eine passende Kombination mit anderen Übungsmethoden und zweitens die Befähigung der Teilnehmer zur effektiven Nutzung der eingesetzten Technologien.

Bei Planung und Organisation von computergestützten Einsatzübungen sollte man sich darauf einstellen, dass einmal ausgewählte Produkte eine begrenzte Nutzungsdauer haben und zu gegebener Zeit gegen bessere, moderne Produkte ausgetauscht werden sollten. Dies ist keinesfalls ein Argument dafür, stets die »besten« – detailliertesten und ausgereiftesten – Technologien einzusetzen. Der optimale Nutzen von Einsatzübungen ergibt sich aus der Kombination eingesetzter Technologien, deren methodischer Einbettung und der Befähigung der Teilnehmer, die Technologien zu nutzen. Daher ist die bessere Strategie, eher früher als später mit der Nutzung computergestützter Einsatzübungen zu beginnen und dafür nicht unbedingt die jeweils besten verfügbaren Technologien einzusetzen. Denn so können Übungsteilnehmer und Übungsveranstalter über die Zeit erfahrungsbasiert Nutzungs- bzw. Methodenkompetenzen aufbauen.

Um zu Technologien zumindest eine gewisse Orientierung zu bieten, beschreibt der folgende Abschnitt kurz die beiden wesentlichen computergestützten Simulationsformen, nämlich virtuelle und erweiterte Realität, und erläutert einige der jeweiligen Vor- und Nachteile.

4.2.1 Virtuelle Realität/Virtual Reality (VR)

Bei virtuellen Simulationen für Einsatzübungen wird ein mehr oder weniger großer Teil des Einsatzgeschehens unabhängig von der Realität in einem Computersystem repräsentiert. Diese Repräsentation wird als virtuelle Realität bezeichnet, kurz VR.

Teilnehmer erhalten üblicherweise zumindest eine bildliche Darstellung des Einsatzgeschehens entweder auf Bildschirmen oder auf VR-Brillen. Ein Vorteil von VR-Brillen ist, dass Kopf und ggf. auch Körperbewegungen intuitiv für entsprechende Eingaben genutzt werden können. Ein anderer Vorteil ist, dass sie die Wahrnehmung weitgehend auf die virtuelle Realität beschränken und so die Immersion erhöhen. Ein Nachteil ist die zurzeit noch nicht vollständig befriedigende Bildqualität und Erfassung der Kopfbewegung. Ein weiterer Nachteil ergibt sich aus der immersionssteigernden Abschottung der Teilnehmer, die im Gegensatz zur Nutzung von normalen Bildschirmen eine direkte Interaktion mit der realen Umgebung, etwa anderen Teilnehmern, verhindert.

Dieser letzte Punkt ist ein gutes Beispiel für die zuvor angesprochene Schwierigkeit bei der Bewertung von Simulationstechnologien. Zwar verhindern VR-Brillen direkte Interaktion mit der Umgebung. Aber das heißt nicht, dass Interaktion mit der Umgebung gar nicht möglich ist. Diese muss aber über die virtuelle Realität vermittelt, d. h. erfasst, verarbeitet und dargestellt, werden. Und in welchem Umfang und auf welche Weise dies ggf. geschieht ist vollständig abhängig von der konkreten technischen Umsetzung der Simulationslösung.

Eine vollständige Abschottung von Teilnehmern voneinander und die Vermittlung ihrer Interaktionen über die virtuelle Realität eröffnet auf der anderen Seite erhebliche Möglichkeiten. So können Personen von verschiedenen Orten aus teilnehmen und miteinander auf Distanz interagieren. Dafür muss jedoch u. a. die Qualität der Kommunikationsverbindung ausreichend sein. Andererseits können Teilnehmer ohne vollständige Abschottung direkt oder mit realen Funkgeräten miteinander sprechen sowie z. B. Karten einsehen und reale Lagebilder erstellen. Diese Aspekte sind für Veranstalter von Einsatzübungen direkt relevant, da sie darüber entscheiden, wie sie die Interaktion zwischen den Teilnehmern gestalten können. Die optimale Gestaltung hängt dabei nicht nur von der eingesetzten Technik ab, inkl. der Verfügbarkeit von Objekten und Funktionen in der Simulation, sondern u. a. auch von der Vertrautheit der Teilnehmer mit dieser Technik.

Bild 12: ***Mithilfe Virtueller Realität können beinahe echte Einsatzszenarien trainiert und beliebig oft wiederholt werden.***

4.2.2 Erweiterte Realität/Augmented Reality (AR)

Bei der erweiterten Realität wird ein Teil der Realität mit computergenerierten Elementen überlagert. Im Englischen wird der Begriff »augmented reality« verwendet, kurz AR. Technisch kann dies so umgesetzt werden, dass z. B. auf einem Tablet das von dessen Kamera aufgenommene Bild eines Gebäudes zu sehen ist und diesem Bild computergenerierter Rauch überlagert ist, der dann aus bestimmten Fenstern des Gebäudes zu kommen scheint, auch während sich der Betrachter mit dem Tablet um das Gebäude bewegt. Solche Funktionen erfordern zumindest eine stabile Nachverfolgung von realen Objekten, um diese mit computergenerierten Objekten überlagern zu können. Für diese Nachverfolgung werden verschiedene

Lokalisierungstechniken im weitesten Sinne eingesetzt, jede mit ihren jeweiligen Möglichkeiten und Grenzen. So ist die Qualität rein bildbasierter Verfahren natürlich von der Bildqualität abhängig, was den Einsatz in schlecht beleuchteten Umgebungen einschränkt. Eine andere technische Umsetzung kommt ohne ein Kamerabild für die Darstellung aus, indem etwa bei AR-Brillen die computergenerierten Inhalte direkt in das Sichtfeld des Nutzers von der realen Umgebung eingeblendet werden. Ein wesentlicher Vorteil von erweiterter Realität für Einsatzübungen besteht darin, dass man Übungen, die in realen Umgebungen abgehalten werden, mit computergenerierten Elementen anreichern kann, die sich real entweder gar nicht oder nur mit erheblichem Aufwand umsetzen ließen.

Ein weiterer Vorteil besteht darin, dass bestimmte AR-Formen keine vorherige Abbildung des jeweiligen Teils der Realität erfordern, oder anders gesagt kein zuvor erstelltes Modell der Realität. Es ist aber wichtig zu verstehen, dass dies nicht daran liegt, dass erweiterte Realität kein Modell der Wirklichkeit benötigt. Es dürfte einleuchtend sein, dass AR-Anwendungen sehr wohl ein Modell der Realität benötigen, um die Realität mit den von ihnen generierten Inhalten in geeigneter

Bild 13: ***Erweiterte Realitäten sind für mobile Endgeräte verfügbar. (Foto Jörg Thöne)***

Weise überlagern zu können. Vielmehr ist es so, dass die hier diskutierten AR-Anwendungen z. B. auf Basis von Bilddaten selbst ad-hoc ein Umgebungsmodell erstellen. Die Qualität und der Leistungsumfang dieser AR-Anwendungen hängen dann natürlich von der Qualität und dem Umfang der erstellten Modelle ab, die natürlich mehr oder weniger engen Grenzen unterworfen sind. Und natürlich gibt es viele AR-Anwendungen die sehr wohl vorhandene Modelle der Realität benutzen, wie etwa Informationen zum Straßennetz für die Einblendung von Navigationsinformationen.

4.2.3 Vergleich von virtueller und erweiterter Realität – VS vs. AR

Die beiden vorangegangenen Unterkapitel zeigen, dass VR- und AR-Simulationen nicht gleichzusetzen sind und zudem jeweils stark unterschiedlich ausgeprägt sein können. Im Folgenden werden einige Aspekte zu den beiden Simulationsformen vergleichend aufgegriffen.

Für VR-Simulationen ist im Gegensatz zu AR-Simulationen keine reale Umgebung erforderlich und sie sind, bei geeigneter Gestaltung, unabhängig von Zeit und Ort durchführbar. Zudem lassen sich in VR-Simulationen im Prinzip beliebige Szenarien umsetzen, auch solche, die sich u. a. wegen Kosten, Aufwand, Verfügbarkeit der realen Umgebung und der simulierten Ereignisse nicht oder nur sehr schwer als AR-Simulationen umsetzen ließen.

Im Gegensatz dazu können AR-Simulationen einen Grad des Realismus und der Immersion bieten, der sich in VR-Simulationen auch bei größtem Aufwand nie vollständig erreichen lässt. Und zumindest bestimmte AR-Simulationen können ohne vorherige Modellierung der Realität durchgeführt werden, wobei die Qualität der Simulation dann von der Qualität des ad-hoc generierten Modells des jeweiligen Ausschnitts der Realität abhängt.

4.3 Simulationen in der Anwendung

4.3.1 Nutzen und Mehrwert von Simulationen

Im Vergleich zu Einsatzübungen weisen computergestützte Übungen eine Reihe von Vor- und Nachteilen auf. Ein wesentlicher Vorteil besteht darin, Elemente in Übungen aufnehmen zu können, die sich anders nicht oder nur mit erheblichem Aufwand umsetzen lassen, etwa Feuer und Rauch, Explosionen und eine Vielzahl von Opfern.

Ein weiterer wesentlicher Vorteil besteht in der automatischen Erfassung von Handlungen und Ereignissen und der Möglichkeit, diese Informationen im Zuge der Nachbereitung automatisch oder manuell zu analysieren, um gezieltere Schlüsse ziehen zu können. Natürlich hängen diese Vorteile stark von der konkreten Form der Simulationslösung ab. Ein spezifischer Vorteil von virtuellen Simulationen besteht darin, im Prinzip unabhängig von Ort und Zeit eingesetzt werden zu können.

Der wesentliche Nachteil besteht hingegen darin, dass computergenerierte Elemente einer Einsatzübung wie eingangs erläutert zwingend immer nur eine Annäherung an die Realität darstellen. Hinzu kommt der gesonderte Aufwand für die Simulationstechnik als auch für die Qualifizierung der Teilnehmer. Hieraus ergeben sich nicht unerhebliche Risiken für die Durchführung computergestützter Einsatzübungen. Zu diesen Risiken zählt zunächst die Gefahr, dass Teilnehmende aus den gemachten Erfahrungen falsche Schlüsse für reale Einsätze ziehen. Zudem könnten wichtige Kenntnisse nur unzureichend vermittelt werden, wenn diese entweder in Simulationen ungeeignet abgebildet oder wegen der absolvierten Simulationen nicht mehr (oder nur unzureichend) auch in Realweltübungen behandelt werden. Ein weiteres Risiko besteht darin, dass Teilnehmende aufgrund unzureichender Vorbereitung oder wegen des Einsatzes ungeeigneter Lösungen die computergestützten Einsatzübungen nicht ausreichend annehmen und daher nicht im erforderlichen Umfang Erkenntnisse gewinnen. In der Summe überwiegen zweifelsohne die Vorteile, zumal sich die Nachteile durch geeignete Organisation und methodische Handhabung reduzieren lassen.

4.3.2 Nutzungsformen

Bei erweiterter Realität (AR) ist die Nutzungsform sehr einfach direkt während einer Einsatzübung in einer realen Umgebung umzusetzen und in diese zu integrieren. Allerdings lassen sich AR-Simulationen auch in anderer Form nutzen, nämlich zum Beispiel durch die Einblendung virtuell modellierter Gebäude auf einem Tisch, ähnlich einer Plantischübung. Dabei handelt es sich aber um eine Sonderform, eine Mischform von virtueller und erweiterter Realität.

Virtuelle Realität hingegen kann im Prinzip an jedem beliebigem Ort genutzt werden, natürlich sofern die entsprechenden Geräte und Dienste vorhanden sind, insbesondere eine ausreichend gute Netzwerkverbindung. Die Übungsumgebung muss so gestaltet sein, dass Unfälle, z. B. durch einen Sturz, vermieden werden.

4.3.3 Anforderungen und Aufwand

Zur Vorbereitung einer konkreten Einsatzübung ist ggf. die Erstellung von Einsatzszenarien erforderlich, wofür je nach eingesetzter Lösung mehr oder weniger technische Fertigkeiten vorhanden sein müssen. Der Aufwand hängt zudem von der Komplexität des Szenarios ab.

Ein weiterer Aspekt der Vorbereitung besteht darin, den Teilnehmern die nötigen Kenntnisse und Fertigkeiten zu vermitteln, um die Simulation zielgerichtet durchführen zu können. Sicher gibt es computergestützte Simulationen mit denen Teilnehmer auch mit minimaler Anleitung gut zurechtkommen. Um einen optimalen Nutzen aus computergestützten Übungen zu ziehen, müssen die Teilnehmer differenziert und flexibel handeln und das Erlebte verlässlich in seiner Bedeutung für reale Einsätze interpretieren können. Eine ausreichende vorgeschaltete Qualifizierung für Teilnehmer sollte daher möglichst Bestandteil der Vorbereitung sein.

Auch bei der Durchführung hängt der Aufwand wesentlich von den eingesetzten Technologien und der Komplexität des Szenarios ab. Wie bei Einsatzübungen in realen Umgebungen ist es auch bei virtuellen Simulationen sinnvoll, nach Möglichkeit einen gesonderten Übungsleiter einzusetzen, der nicht am Einsatzgeschehen beteiligt ist, sondern dieses überblickt und ggf. dessen Verlauf aktiv beeinflusst, etwa um ungewünschte Entwicklungen zu korrigieren oder erwünschte Entwicklungen bei Bedarf herbeizuführen. Da die technische Umsetzung dieser Eingriffe in die Simulation unter Umständen tiefere Kenntnisse und Zeit erfordert, ist nach Möglichkeit eine gesonderte geeignete Person für diese Aufgabe vorzusehen.

Die Nachbereitung einer computergestützten Einsatzübung kann natürlich wie eine konventionelle Einsatzübung in Form einer Besprechung der erinnerten Geschehnisse erfolgen, möglichst mit Unterstützung einer erfahrenen Einsatzkraft. Allerdings würde dies die Möglichkeiten computergestützter Einsatzübungen bei weitem nicht ausschöpfen. Denn je nach konkreter technischer Ausprägung werden solche Simulationen mehr oder weniger reichhaltige Daten über die Ereignisse während der Übung aufzeichnen. Auf dieser Basis lässt sich in der Nachbereitung eine Einsatzübung viel detaillierter analysieren und so spezifischere Rückmeldungen an die Teilnehmer ableiten. Natürlich profitiert eine solche Analyse ebenfalls von erweiterten technischen Fähigkeiten, sodass idealerweise eine gesonderte qualifizierte Person oder zumindest ein qualifizierter Teilnehmer auch die Aufbereitung der analysierten Daten unterstützen sollte.

4.4 Simulationsmethodik

4.4.1 Ein Ökosystem von Übungsansätzen

Verschiedene Ansätze für Einsatzübungen, inklusive computergestützter Simulationen haben ihre jeweiligen Stärken und Schwächen. Ein effizienter und effektiver Einsatz solcher Simulationen hängt daher wesentlich davon ab, je nach Zielen und Gegebenheiten die richtigen Techniken und Methoden auszuwählen und vor allem in geeigneter Art und Weise zu kombinieren. Natürlich gilt dies nicht nur für verschiedene Formen computergestützter Simulationen, sondern auch für konventionelle Einsatzübungen. Man darf daher die verschiedenen Ansätze nicht isoliert betrachten, sondern muss sie als Teil eines Ökosystems von Techniken und Methoden mit entsprechenden Abhängigkeiten begreifen. Zum Beispiel können computergestützte Simulationen den Aufwand für bestimmte Übungen ganz erheblich reduzieren, wobei dies aber in der Regel mit reduziertem Realismus einhergeht, sodass ergänzend in ausreichendem Umfang Realweltübungen durchgeführt werden müssen. So kann die sichere Übertragung des Erlernten in die Praxis überprüft und gewährleistet werden. Wie groß genau dieser Umfang sein muss, kann nur von Fall zu Fall in Abhängigkeit von den Teilnehmern und Zielen ermittelt werden.

Für einen erfolgreichen Technik- und Methodenmix ist zudem zu beachten, dass die einzelnen Technologien und Methoden sich in der Darstellung und Nutzung natürlich mehr oder weniger unterscheiden. Durch geeignete Gestaltung, Auswahl und Kombination lassen sich diese Unterschiede so klein halten, dass Teilnehmer ihre jeweiligen Lernerfahrungen dennoch erfolgreich übertragen und kombinieren können. Zu starke Unterschiede hingegen können als Medienbrüche diese notwendige Integration von Lernerfahrungen erschweren oder verhindern.

4.4.2 Simulation als Kulturtechnik

Wie eingangs erläutert, ist Simulation eine grundlegende menschliche Tätigkeit, zu der es außer der Vorstellungskraft keiner gesonderten Technologien bedarf. Seit jeher haben sich Menschen darum bemüht, diese Fähigkeit zu nutzen, zu entwickeln und durch Technologien zu erweitern, um die Realität zu begreifen und effektiver in ihr zu handeln. Konventionelle Einsatzübungen können als eine spezielle Form von Simulation verstanden werden, die sich über einen langen Zeitraum auf Basis von Erfahrung als Kulturtechnik entwickelt hat, mit dem Ziel praxisrelevante Erfahrungen verlässlich weiterzugeben. Computergestützte Simulationen sind lediglich als ein weiteres Medium zu verstehen, mit speziellen Eigenschaften und entsprechenden Vor- und Nachteilen, aber zur Erreichung des gleichen Ziels. Wie bei vorangegangen Formen auch wird es Zeit und Erfahrung brauchen, bis Anwender die technischen Möglichkeiten zu einer für sie passenden Kulturtechnik geformt und sich diese angeeignet haben. Insofern sollten Anwender vorhandene Lösungen nicht passiv hinnehmen, sondern aktiv die Entwicklung wirklich befriedigender Lösungen mitgestalten. Eine ausreichende Aneignung ist wie beim Lesen und Schreiben für eine erfolgreiche Nutzung erforderlich.

5 Planung

Dieses Kapitel befasst sich mit dem Planen einer Einsatzübung. Schwerpunkt ist das Festlegen der Übungsziele und der notwendigen Ressourcen, die zum Erzielen der Ergebnisse notwendig sind. Weiterhin wird beschrieben, wie Risiken ermittelt werden und wie damit umgegangen wird.

Für die Planung und Durchführung von Einsatzübungen lässt sich der aus dem Qualitätsmanagement bekannte PDCA-Zyklus einsetzen. Die Punkte **P**lan-**D**o-**C**heck-**A**ct können wie folgt beschrieben werden:

- **Planen:** Festlegen von Übungszielen, Kontrollpunkten, Anforderungen an Teilnehmende. Ermitteln der benötigten Ressourcen und Anforderungen an die verschiedenen Einheiten.
- **Durchführen:** Umsetzen der Planungen.
- **Prüfen:** Überwachen der Übung durch Übungsleitung und Schiedsrichter anhand von Kontrollpunkten, erfassen der notwenigen Dokumentation und Messung der Zeiten usw.
- **Handeln:** Auswertung der Erkenntnisse und Ergreifen von akuten oder perspektivischen Maßnahmen zur Verbesserung der technischen, organisatorischen oder persönlichen Maßnahmen.

Exemplarische Fragen/Punkte für die Übungsplanung:

- Welches Übungsthema soll gewählt werden?
- Welches Übungsziel soll verfolgt werden?
    - Übungszeit und Übungsdauer festlegen
    - Übungsraum, Übungsobjekt auswählen
- Welche Einheiten, Organisationen, Übungsteilnehmer sollen teilnehmen?
- Wie kann die Übungslage gestaltet werden?
- Welche Einlagen können im Verlauf eingesetzt werden?
- Sind Darsteller erforderlich?
- Wie kann ein gedachter Verlauf aussehen?
- Welche Instruktionen/Verhaltenshinweise sollen die Darsteller erhalten?
- etc.

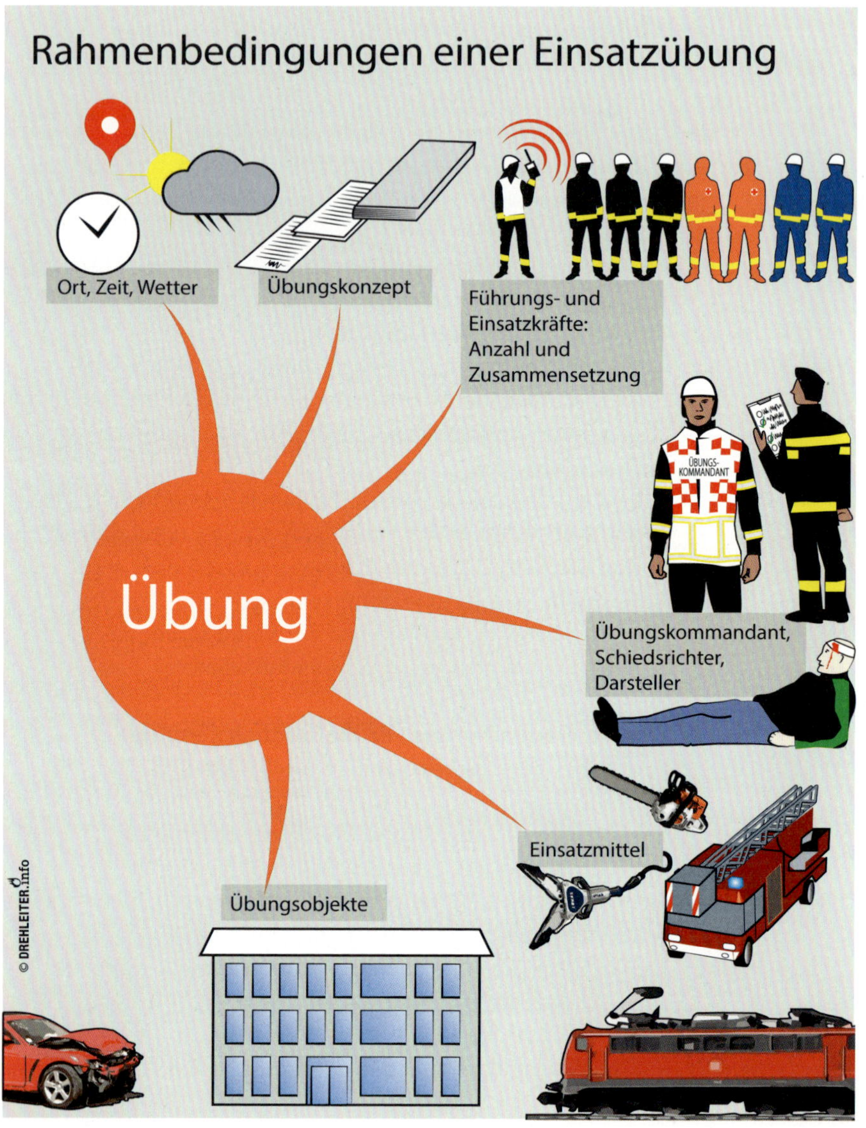

Bild 14: ***Rahmenbedingungen für Einsatzübungen***

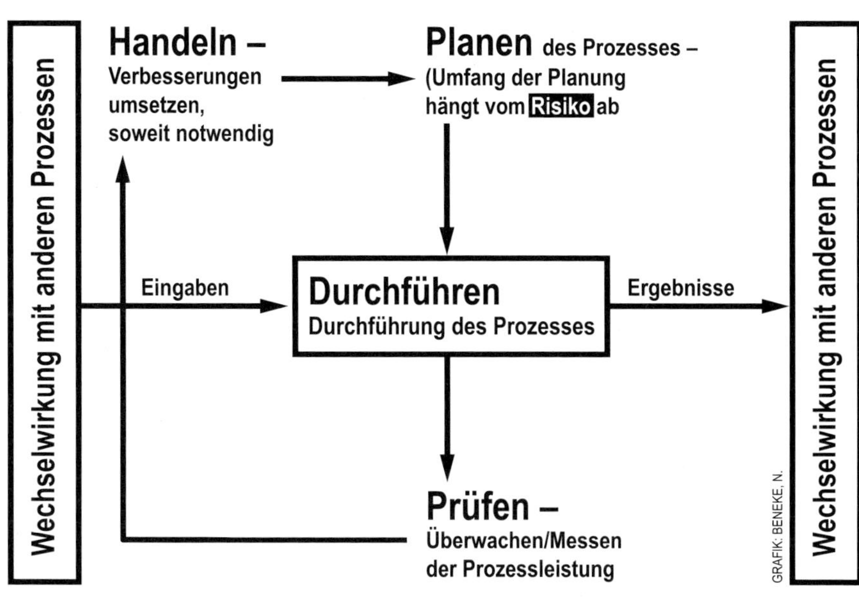

Bild 15: ***Bei der Übungsplanung sollte auch die Wechselwirkung mit anderen Prozessen berücksichtigt werden.***

5.1 Übungsziel

Das grundsätzliche Ziel von Übungen ist die Optimierung von Einsätzen. Durch Übungen sollen Einsatzkräfte, Einheiten der eigenen Organisation, Führungskräfte, ggf. im Zusammenspiel mit Einheiten anderer Organisationen, auf künftige Einsatzsituationen vorbereitet werden. Wesentlicher Kern der Übung ist dabei vorhandenes Wissen der Einsatzkräfte zu festigen und festgelegte, besondere Aufbauorganisationen, Einsatzstandards oder -abläufe zu überprüfen.

Das Entwickeln eines Übungsziels kann sich an der aus dem Projektmanagement bekannten SMART-Formel orientieren. SMART steht dabei für **S**pezifisch, **M**essbar, **A**ktivierend, **R**ealistisch, **T**erminiert.

Tabelle 3:

Spezifisch	Übungsziele müssen klar und eindeutig definiert sein. Sie dürfen nicht vage bleiben.
Messbar	Übungsziele müssen messbar sein. Hierfür müssen entsprechende Kriterien zuvor festgelegt werden.
Aktivierend	Übungsziele sollen so gestaltet sein, dass sie die Teilnehmer ansprechen, motivieren, aktivieren, die Übung durchzuführen.
Realistisch	Das Übungsziel muss realistisch, erreichbar sein. Ein zu hohes, nicht erreichbares Ziel kann Übungsteilnehmer demotivieren.
Terminiert	Das Übungsziel muss mit festem Datum/Bezugspunkt/fester Uhrzeit verknüpft sein.

Das Übungsziel wird bei der Übungsplanung im Übungsauftrag definiert und festgelegt. Der Übungsauftrag (vgl. auch Kapitel 5.2) beinhaltet ein oder mehrere Übungsziele. Folgende Beispiele helfen dabei, unterschiedliche Ziele einer Übung zu entwickeln:

- Einsatzkonzepte überprüfen,
- objektbezogene Taktiken überprüfen,
- neue Technik in einer Standard-Einsatztaktik einsetzen,
- Leistungsfähigkeit der Einheit überprüfen,
- die Zusammenarbeit verschiedener Einheiten oder Organisationen überprüfen,
- Führungsorganisation und Entscheidungsverhalten von Führungskräften überprüfen.

Merke:

Das Übungsziel sollte die Organisation in der Aufgabenbewältigung weiterbringen!

5.2 Übungsauftrag

Mit dem Entwickeln des Übungsauftrages beginnt die Übung. Die eingesetzte Übungsleitung kann nun Ressourcen der Organisation für die weitere Planung nutzen. Der Übungsauftrag beinhaltet ein oder mehrere Übungsziele und orientiert sich grundsätzlich an den folgenden drei Punkten:

1. Zweck der Organisation – Welcher gesetzliche Auftrag ist zu erfüllen?

2. Technologischer Fortschritt – Wurden neue Einsatzmittel oder Taktiken eingeführt?
3. Bedarf durch äußere Einflüsse – Gab es ein Ereignis, das verändertes Handeln der Organisation notwendig macht?

Der Übungsauftrag umfasst zusätzlich zu den Übungszielen den Zeitpunkt, den Zeitraum, das Thema und den Inhalt der Übung. Er bildet die Grundlage für das zu erstellende Drehbuch der Übung. Der Übungsauftrag soll den Teilnehmern rechtzeitig bekannt gegeben werden, soweit dies den Übungszielen nicht entgegensteht, da auch notwendige Informationen, wie Schutzkleidung, Material, Fahrzeuge etc. aufgeführt werden. Ein Muster für den Übungsauftrag ist im Anhang (A2) dieses Buches zu finden.

5.3 Objekte für Einsatzübungen

Für praktische Einsatzübungen sind geeignete Objekte zwingend notwendig. Der Bedarf an Objekten für die Übung ergibt sich in der Regel aus dem Übungsauftrag.

Merke:

Die Einbindung von speziellen Objekten in eine Übung erhöht die Ortskenntnis für den Einsatzfall.

5.3.1 Gebäude

Objekte mit bestimmten Merkmalen sollten im Rahmen der Einsatzvorbereitung beübt werden. Auf diese Weise lässt sich bestimmtes taktisches Vorgehen mittels Einsatzübungen überprüfen. Als Kriterium für eine Auswahl kann unter anderem auch die Anforderungen eines Feuerwehrplans aufgrund gesetzlicher oder behördlicher Forderung dienen.

Es folgt eine exemplarische Liste mit Anlagen und Objekten, die in diese Kategorie eingeordnet werden können. Die Liste kann nach Belieben ergänzt werden:

- Hochhäuser (Einrichtung von Depotgeschossen, Kommunikation),
- Büro- und Verwaltungsgebäude,
- Versammlungsstätten, die mehr als 200 Besucher fassen,
- Krankenhäuser (bspw. horizontales Räumen),

Bild 16: *Übungsdörfer, beispielsweise auf Truppenübungsplätzen, eignen sich für Übungen mit unterschiedlichen Übungszielen. (Foto: Oliver Taubmann)*

Bild 17: *Bei Übungen in stillgelegten Industrieanlagen sollte besonderes Augenmerk auf eine Gefahrenanalyse zur Übung gelegt werden.*

- Kindergärten,
- Alten- und Pflegeheime (Rettung von Personen mit körperlichen Einschränkungen),
- Beherbergungsbetriebe mit mehr als 30 Gastbetten (Rettung großer Anzahl von Personen),
- Schulen (Personensuche),
- Flughafenterminals/Flugzeughangars (Anfahrten, Zugänglichkeiten, lange Anmarschwege),
- Hafen- und Kreuzfahrtterminals (Zugänglichkeiten, Sicherheitsbereiche),
- Verkaufsstätten mit mehr als 2000 m^2 Bruttogrundfläche (Brandbekämpfung unter Berücksichtigung von stationären Löschanlagen),
- bauliche Anlagen, deren Nutzung durch Umgang mit oder Lagerung von Stoffen mit Explosions- oder erhöhter Brandgefahr verbunden ist (Brandbekämpfung, Sicherheitsabstände und Umgang mit Explosionsgefahren),
- Industrieanlagen (Nutzung von objektbezogenen Einsatzkonzepten).

5.3.2 Verkehrsanlagen

Was für Gebäude gilt, trifft auch für spezielle Verkehrsanlagen zu, an oder auf denen Organisationen zum Einsatz kommen können. Auch diese sollten in Einsatzübungen als Objekte eingebunden werden:

- Straßen und Autobahnen (Verkehrsunfälle, Absicherung der Einsatzstelle),
- Wasserstraßen (Zugang zu Binnenschiffen, Einsatz von Booten),
- Seen (Personensuche auf Gewässer),
- Straßen- und Eisenbahntunnel (Anmarschwege, Überprüfung von Einsatzkonzepten),
- Bahnanlagen (Zugänglichkeiten, Erdung, Kommunikation mit DB-Notfall-Leitstelle),
- Hafenanlagen (Brandbekämpfung auf Schiffen, CBRN-Einsätze durch Fracht),
- Flughäfen, Flugplätze (Einsatzkonzepte, Anfahrt, Zusammenwirken mit Spezialkräften),
- Seilbahnen (Rettungskonzepte, Zusammenarbeit mit Spezialkräften, Kommunikation).

Bild 18: ***Auf Flughäfen werden aufgrund gesetzlicher Vorgaben regelmäßig Übungen durchgeführt.***

Bild 19: ***Hafenanlagen, in denen Container umgeschlagen werden, eigenen sich für Gefahrgutübungen.***

Bild 20: ***Bei Übungen an Seilbahnen muss sichergestellt sein, dass sich die Gondeln nicht unbeabsichtigt fortbewegen.***

Nach Analyse dieser Objekte sollte die Leitung der Organisation eine Gewichtung vornehmen, welche Objekte die größte Herausforderung darstellen. Kriterien hierfür können sein:

- historische/gesellschaftliche/wirtschaftliche Bedeutung des Objekts,
- erschwerte Zugänglichkeit aufgrund der Lage,
- große Anzahl von anwesenden Personen,
- erhöhte Gefahr aufgrund großer Lagermengen gefährlicher Stoffe etc.

5.3.3 Fahrzeuge

Fahrzeuge werden häufig als Übungsobjekte genutzt. Im Rahmen der Planung sind mehrere Möglichkeiten der Fahrzeugbeschaffung umsetzbar. Es kann mit direkt aus der Produktion stammenden Fahrzeugen, mit in Nutzung stehenden Fahrzeugen, oder mit ausrangierten Fahrzeugen geübt werden. Je nach Möglichkeit, das Fahrzeug im Rahmen einer Übung zu beschädigen oder zu zerstören, kann eine Einsatzübung an Realistik gewinnen. Eine mögliche Beschädigung oder Zerstörung ist unbedingt vor einer Übung mit dem Besitzer des Fahrzeugs zu klären, um Schadenersatz im Nachhinein zu vermeiden.

Bild 21: ***Mithilfe eines Ladekrans und eines Radladers werden ein Bus und ein Pkw für eine Unfall-Übung in Position gebracht. (Foto: Kai Zaengel)***

Bild 22: ***Der Gefahrstoffaustritt aus einem Tankwagen kann mithilfe von speziellen Übungsanhängern simuliert werden. (Foto: Oliver Taubmann)***

Bild 23: ***Mit ausrangierten Eisenbahnwaggons kann der schwierige Zugang zu Patienten geübt werden. (Foto: Timo Jann)***

Folgende Fahrzeuge können sinnvoll in Übungen eingebunden werden:

- Pkw (eingeklemmte Person, Stabilisieren von Fahrzeugen, Einsatz Innerer Retter),
- Lkw (Arbeiten auf Rettungsplattformen, Drehleitern),
- Busse (Technische und med. Rettung mit MANV),
- Tanklastwagen (Brandbekämpfung mit Sonderlöschmittel, Auffangen von Gefahrgut),
- Straßenbahn (Anheben von Fahrzeugen, Rettung von eingeklemmten Personen),
- U-/S-Bahn (Anheben von Fahrzeugen, Rettung von eingeklemmten Personen),
- Eisenbahn (Anheben von Fahrzeugen, Rettung von eingeklemmten Personen),
- Binnenschiffe/Seeschiffe (Zugang zu Schiffen, Besonderheiten bei der Brandbekämpfung),
- Sportboote,
- Flugzeuge (Besonderheiten bei der Brandbekämpfung, Zusammenarbeit Flughafenfeuerwehr),
- Schwebebahn/Seilbahn (Rettung aus schwer zugänglichen Bereichen).

5.3.4 Natur

Auch die Natur kann als Übungsobjekt dienen. Hier können beispielsweise eine Menschenrettung aus einer besonderen Umgebung, eine Vegetationsbrandbekämpfung, eine Personensuche an Land oder auf einem Gewässer oder die Abwehr von Umweltgefahren zum Übungsziel werden. Bevor eine Übung stattfinden kann, ist das Einverständnis des Flächeninhabers einzuholen. Auch die Belange des Umwelt- und Naturschutzes müssen eingeplant werden. Eine Übung in einem Naturschutzgebiet kann unter Umständen nur mit hohen Auflagen oder möglicherweise gar nicht stattfinden.

Bild 24: ***Mithilfe von Nebelmaschinen, rotem Markierungsband und roten Blinkleuchten kann ein Vegetationsbrand im Wald auch gefahrlos simuliert werden. (Foto: Franz Petter)***

Folgende Flächen können sinnvolle Übungsobjekte darstellen:

- Wald- und Forstflächen (Wald- und Vegetationsbrände, Wasserversorgung),
- Stehende Gewässer (Eisrettung),
- Flüsse mit und ohne Tidenhub (Strömungsrettung),
- Berge (Suchen und Retten in schwer zugänglichen Regionen).

Bild 25: ***Die wenigen Tage im Jahr, die Gewässer zugefroren sind, sollten Einsatzkräfte nutzen, um Rettungen aus dem Eis zu üben. (Foto: Feuerwehr Hamburg)***

Merke:

Vor der Verwendung oder Einbindung eines Objekts in eine Übung ist die vorherige, möglichst schriftliche Einwilligung des Inhabers einzuholen.

5.4 Teilnehmeranalyse

Dieses Buch ist für Einsatzkräfte aus unterschiedlichen Organisationen aus dem deutschsprachigen Raum geschrieben und bezieht sich für dieses Thema auf den Europäischen Qualifikationsrahmen. Beispielhaft werden hier Berufsabschlüsse und Beschreibungen aus dem Deutschen Qualifikationsrahmen (DQR) verwendet.

Der DQR beschreibt insgesamt acht DQR-Niveaus, in dem Bildungsabschlüsse und berufliche Qualifikationen zugeordnet werden. So wird eine dreijährige berufliche Erstausbildung auf Niveau 4 zugeordnet, ein Abschluss als Bachelor, Meister oder

Techniker entspricht dem Niveau 6. Diese beiden Niveaus werden im Folgenden angeführt.

Exemplarisch sind hier die Niveaus vier und sechs für deutsche Feuerwehren angeführt:

- Beispiele für Niveau 4:
  - Werkfeuerwehrmann/Werkfeuerwehrfrau
  - Feuerwehreinsatzkraft (Feuerwehrbeamte mittlerer Dienst)
- Beispiel für Niveau 6:
  - Einsatzleiter, Führungskraft (Feuerwehrbeamte gehobener Dienst)

Dieser Qualifikationsrahmen kann auch für ehrenamtliche Einsatzkräfte genutzt werden. So ist die feuerwehrtechnische oder rettungsdienstliche Fachkompetenz im Ehrenamt abhängig von der bereits absolvierten Ausbildung. Die personale Kompetenz eines Handwerksmeisters lässt sich beispielsweise anders einordnen, als die eines Schülers oder Auszubildenden.

Neben dem bereits beschriebenen regulativen Rahmen gibt es auch noch andere Leitfragen, die den Erfolg einer Einsatzübung positiv oder negativ beeinflussen können. Bild 26 führt hier exemplarisch wichtige Punkte an, damit der Übungskommandant in der Praxis eine schnelle Einschätzung vornehmen kann. Im Folgenden wird der Qualifikationsrahmen von Niveau 4 und 6 exemplarisch vorgestellt (vgl. Bundesministerium für Bildung und Forschung, 2020).

Niveau 4

Niveau 4 beschreibt Kompetenzen, die zur selbständigen Planung und Bearbeitung fachlicher Aufgabenstellungen in einem umfassenden, sich verändernden Lernbereich oder beruflichen Tätigkeitsfeld benötigt werden.

Fachkompetenz

- **Wissen:** Über vertieftes allgemeines Wissen oder über fachtheoretisches Wissen in einem Lernbereich oder beruflichen Tätigkeitsfeld verfügen.
- **Fertigkeiten:** Über ein breites Spektrum kognitiver und praktischer Fertigkeiten verfügen, die selbständige Aufgabenbearbeitung und Problemlösung sowie die Beurteilung von Arbeitsergebnissen und -prozessen unter Einbeziehung von Handlungsalternativen und Wechselwirkungen mit benachbarten Bereichen ermöglichen. Transferleistungen erbringen.

Personale Kompetenz

- **Sozialkompetenz:** Die Arbeit in einer Gruppe und deren Lern- oder Arbeitsumgebung mitgestalten und kontinuierlich Unterstützung anbieten. Abläufe und Ergebnisse begründen. Über Sachverhalte umfassend kommunizieren.
- **Selbständigkeit:** Sich Lern- und Arbeitsziele setzen, sie reflektieren, realisieren und verantworten.

Niveau 6

Niveau 6 beschreibt Kompetenzen die zur Planung, Bearbeitung und Auswertung von umfassenden fachlichen Aufgaben- und Problemstellungen sowie zur eigenverantwortlichen Steuerung von Prozessen in Teilbereichen eines wissenschaftlichen Faches oder in einem beruflichen Tätigkeitsfeld benötigt werden. Die Anforderungsstruktur ist durch Komplexität und häufige Veränderungen gekennzeichnet.

Fachkompetenz

- **Wissen:** Über breites und integriertes Wissen einschließlich der wissenschaftlichen Grundlagen, der praktischen Anwendung eines wissenschaftlichen Faches sowie eines kritischen Verständnisses der wichtigsten Theorien und Methoden (entsprechend der Stufe 1 [Bachelor-Ebene] des Qualifikationsrahmens für Deutsche Hochschulabschlüsse) oder über breites und integriertes berufliches Wissen einschließlich der aktuellen fachlichen Entwicklungen verfügen. Kenntnisse zur Weiterentwicklung eines wissenschaftlichen Faches oder eines beruflichen Tätigkeitsfeldes besitzen. Über einschlägiges Wissen an Schnittstellen zu anderen Bereichen verfügen.
- **Fertigkeiten:** Über ein sehr breites Spektrum an Methoden zur Bearbeitung komplexer Probleme in einem wissenschaftlichen Fach, (entsprechend der Stufe 1 [Bachelor-Ebene] des Qualifikationsrahmens für Deutsche Hochschulabschlüsse), weiteren Lernbereichen oder einem beruflichen Tätigkeitsfeld verfügen. Neue Lösungen erarbeiten und unter Berücksichtigung unterschiedlicher Maßstäbe beurteilen, auch bei sich häufig ändernden Anforderungen.

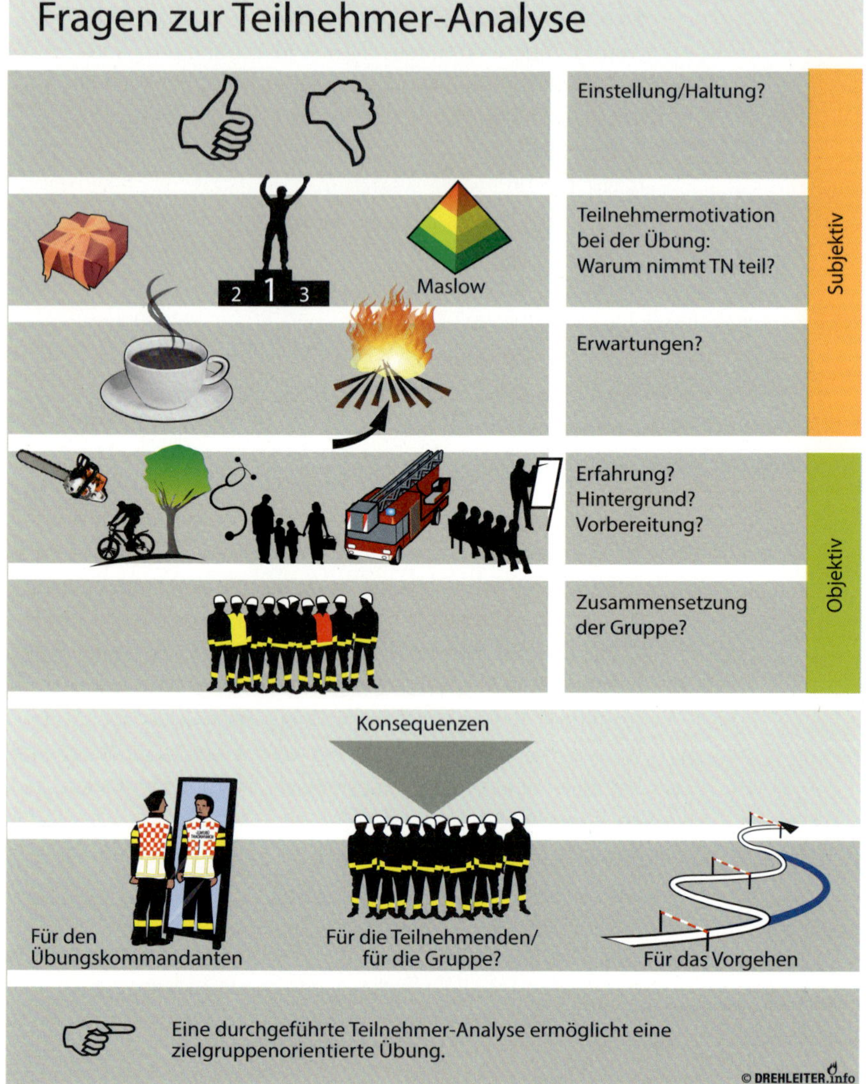

Bild 26: ***Teilnehmeranalyse***

Personale Kompetenz

- **Sozialkompetenz:** In Expertenteams verantwortlich arbeiten oder Gruppen oder Organisationen verantwortlich leiten. Die fachliche Entwicklung anderer anleiten und vorausschauend mit Problemen im Team umgehen. Komplexe fachbezogene Probleme und Lösungen gegenüber Fachleuten argumentativ vertreten und mit ihnen weiterentwickeln.
- **Selbständigkeit:** Ziele für Lern- und Arbeitsprozesse definieren, reflektieren und bewerten und Lern- und Arbeitsprozesse eigenständig und nachhaltig gestalten.

5.5 Übungsleitung/Übungskommandant

Die Übungsleitung besteht aus einem für jede Einsatzübung zu bestimmenden Übungskommandanten und ggf. einem oder mehreren Assistenten. Der Übungskommandant darf keine Einsatzfunktion in der Übung übernehmen. Der Übungskommandant sollte dafür über Kompetenzen zur Planung, Bearbeitung und Auswertung in allen fünf Kategorien von Einsatzübungen sowie zur eigenverantwortlichen Steuerung verfügen. Dafür verfügt der Übungskommandant idealerweise über breites und integriertes Wissen einschließlich der wissenschaftlichen Grundlagen seines Fachgebiets innerhalb der Feuerwehr, des Rettungsdienstes oder der Hilfsorganisation. Weiterhin sollte er auch über einschlägige Schnittstellen zu anderen Bereichen (z. B. Polizei, andere Hilfsorganisationen, Krankenhäuser, Behörden und Ämter, Bundeswehr etc.) informiert sein. Es sollten Theorien und Methoden der Einsatzführung sowie der nichtpolizeilichen Gefahrenabwehr bekannt sein. Insbesondere sollte der Übungskommandant für die Einsatzübungen über breites und integriertes Wissen einschließlich der aktuellen fachlichen Entwicklungen in den Bereichen der Notfallorganisationen verfügen.

Er sollte Kenntnisse über ein breites Spektrum an Methoden zur Vor- und Nachbereitung von Einsatzübungen haben und aus den Ergebnissen von Übungen neue Lösungen erarbeiten und beurteilen. Der Übungskommandant sollte das Team aus Schiedsrichter, Assistenten sowie Darstellern verantwortlich leiten. Dabei sollte er vorausschauend mit Problemen im Team umgehen können, insbesondere in der Nachbereitungsphase die komplexen Probleme und Lösungen gegenüber den Übungsteilnehmern argumentativ vertreten und mit ihnen weiterentwickeln.

Bild 27: ***Der Übungskommandant wird mit einer Funktionsweste für alle Übungsteilnehmer erkennbar gekennzeichnet.***

Qualifikation des Übungskommandanten:

- Führungsausbildung eine Stufe über der beübten Führungsstufe, mind. gleichrangig,
- mehrjährige Einsatzerfahrung,
- Erfahrung im Anlegen und Durchführen von Übungen,
- Kenntnisse über Gefahren bei Übungen (ggf. Ausbildung als Sicherheitsassistent),
- vorherige Teilnahme an dem zweitägigen Seminar »Anlegen von Übungen«,
- Einweisen der Schiedsrichter in die Übungslage und Organisation der Übungskräfte.

Tabelle 4:

Einweisen der Schiedsrichter und ggf. Kräfte in die Übungslage anhand der folgenden Kriterien:	
Übungsauftrag mit der Übungslage und den Übungszielen	**Organisation der Übungskräfte**
Übungsszenario Schadenart Schadenursache	Führung Führungsorganisation Führungsmittel
Übungsobjekt Art Größe Material Konstruktion Umgebung	Einsatzkräfte Stärke Gliederung Verfügbarkeit Ausbildung Leistungsvermögen
Geplanter Übungs-»Schadenumfang« Menschen Tiere Umwelt Sachwerte	Einsatzmittel Fahrzeuge Geräte Löschmittel Verbrauchsmaterial

Aufgaben der Übungsleitung

Im Folgenden sind die Aufgaben der Übungsleitung aufgeführt:

- **Planen und Vorbereiten der Übung**
  - Einweisen der teilnehmenden Kräfte in die allgemeine Lage,
  - Besonderheiten der Übung erläutern,
  - Sicherheitsregeln erklären,
  - bei Simulationsanwendungen unterstützen,
  - über Beginn und Ende der Übung informieren,
  - Kriterien für Übungsunterbrechungen und Meldewege festlegen.
- **Während der Übung**
  - die Schiedsrichter über den Übungsverlauf informieren,
  - Ereignissen einspielen,
  - Unterstützen bei Simulationsanwendungen,
  - benachbarten Kräfte, Behörden, Dienststellen und sonstigen Stellen oder Störer bei Bedarf darstellen,
  - Übungslage dokumentieren,
  - übungsbedingte Schäden erfassen und bearbeiten,
  - Meldungen zu Realereignissen bearbeiten,

  - Presse- und Öffentlichkeitsarbeit unterstützen,
  - Betreuung der Übungsbeobachter und Gäste organisieren.
- **Nach der Übung**
  - Schlussbesprechung organisieren und durchführen,
  - Übung nachbereiten und Dokumentation erstellen.

5.6 Schiedsrichter

Die Schiedsrichter beobachten, dokumentieren und gewährleisten den geplanten Übungsverlauf. Sie setzen die Vorgaben des Übungskommandanten während der Übung um. Folgende Aspekte gelten grundsätzlich für die Aufgabe der Schiedsrichter:

- Handlungen erfolgen im Auftrag des Übungskommandanten,
- Sicherstellung des geplanten Verlaufs,
- Anweisungen der Schiedsrichter sind bindend,
- Kenntnisse und Fähigkeiten der Schiedsrichter müssen der Ebene entsprechen, für die sie eingesetzt werden,

Bild 28: ***Schiedsrichter müssen für alle Übungsteilnehmer deutlich gekennzeichnet werden, in diesem Fall mit der Weste »Beobachter«. (Foto: Timo Drux)***

- das Verhalten gegenüber den Übenden ist neutral und nicht kritisch oder wertend.

5.6.1 Organisation des Schiedsrichterdienstes

Vor Übungsbeginn sind die Aufgaben für den Schiedsrichter klar zu benennen. Die Ziele der Einsatzübung sowie der geplante Verlauf und die ggf. vorgeplanten Verläufe sind umfangreich zu erläutern. Die Anzahl der eingesetzten Schiedsrichter richtet sich nach folgenden Kriterien:

- Anzahl der Führungskräfte, die ggf. eine eins-zu-eins-Betreuung benötigen,
- Anzahl der eingesetzten Einheiten.

Empfehlung für die Planung der Anzahl an Schiedsrichtern:

1 × Führungskraft = 1 × Schiedsrichter
1 × Gruppe (ohne Gruppenführer) = 1 × Schiedsrichter

Beispiel:

Für einen Zug lassen sich so folgende Anzahl berechnen:
1 × Zugführer
2 × Gruppenführer
2 × Gruppe (ohne Gruppenführer)
→ **5** Schiedsrichter
Die Bemessung der notwendigen Anzahl an Schiedsrichtern richtet sich auch nach der Bedeutung der einzelnen Übungsphasen, der Komplexität der Abläufe sowie der Größe und Beschaffenheit des Übungsraumes.

Stehen nicht ausreichend Schiedsrichter für die gesamte Übungsbeobachtung zur Verfügung, sollte mindestens bei den Führungskräften (bei der höchsten Führungsstufe angefangen) immer ein Schiedsrichter bereitstehen.

5.6.2 Aufgaben

Die Schiedsrichter übernehmen während der Übung folgende Aufgaben:

- Übungskommandanten über den Verlauf der Übung informieren,
- die Übung nach festgelegten Kriterien (Kapitel 6.7) unterbrechen,
- Übende und Darsteller steuern,

- die Übung nach festgelegten Kriterien (siehe Kapitel 6.7) unterbrechen,
- den Übungskommandanten über Personen- oder Sachschäden informieren,
- wesentlichen Abweichungen des Übungsverlaufs korrigieren.

Der Verlauf der Übung darf nur nach Rücksprache mit dem Übungskommandanten verändert werden. Sollte dies nicht zeitnah möglich, jedoch erforderlich sein, ist der Übungskommandant über die getroffenen Änderungen umgehend zu informieren. Die Assistenten der Schiedsrichter haben keine selbstständigen Aufgaben und Befugnisse. Sie übermitteln und überwachen lediglich die Entscheidungen der Schiedsrichter.

5.6.3 Dokumentation

Die Schiedsrichter dokumentieren die Handlungen und den Übungsverlauf der ihnen zugewiesenen Einheiten bzw. Führungskräfte. Als Hilfsmittel dienen ihnen die Dokumentationsbögen mit vorher definierten Kontrollpunkten. Schiedsrichter können Assistenten für Aufgaben wie die Zeiterfassung (Kapitel 6.10.2), Bild- und Videoaufzeichnungen oder Ähnliches einsetzen. Die angefertigten Dokumente und Aufzeichnungen dienen der Moderation der Schlussbesprechung (Kapitel 7.1) und der Übungsnachbereitung (Kapitel 7.2).

Merke:

Schiedsrichter müssen über die notwendige Fachkompetenz verfügen und vor der Übung über den gedachten Verlauf und die Übungsziele informiert sein.

Soll für die Dokumentation zusätzliches Bild- oder Videomaterial zur anschließenden Auswertung zur Verfügung stehen, ist hierzu ggf. weiteres Personal als Assistenz für die Schiedsrichter einzuplanen.

5.6.4 ORTEN-Schema – ein Hilfsmittel für Schiedsrichter

Jörg Thöne

Das ORTEN-Schema bekannt aus der Fachliteratur »Einsatzstellenorientierung« von Jörg Thöne (2017) lässt sich nicht nur in der operativ-taktischen Einsatzpraxis, sondern auch in der Planung, Ausführung und Bewertung einer Einsatzübung verwenden.

Das ORTEN-Schema nach Jörg Thöne:

- **Orientierungspunkt festlegen**
- **Rundumbenennung ABCD**
- **Taktikvariante und Kontrollpunkte**
- **Einsatzort deutlich befehlen**
- **Nachfrage zum Verständnis**

Orientierungspunkt festlegen

In der Planung einer szenarienbasierten Einsatzübung werden die »Allgemeine«, »Kalte« und »Warme« Lage berücksichtigt. Im besten Fall gibt es bestehende statische Orientierungspunkte an dem Übungsobjekt, die sich deutlich hervorheben, wie z. B. ein markantes Gebäudeteil. Falls die Übungseinsatzstelle solch einen klar zu definierenden Ausgangspunkt nicht hergibt, können mobile Orientierungspunkte verwendet werden. Diese können vom Planungsteam auf einer Gebäudeseite platziert werden oder die Feuerwehr nutzt das eigene Equipment. Es bieten sich dafür Verkehrsleitkegel, Blitzleuchten oder Verteiler an. Von dem Orientierungspunkt aus wird die Übungseinsatzstelle aufgeteilt und benannt.

Rundumbenennung ABCD

Am Orientierungspunkt wird die betreffende Seite mit **A** definiert. Im Uhrzeigersinn wird die Übungseinsatzstelle weiter mit **B**, **C**, **D** usw. benannt. Der Übungsleiter hat die Möglichkeit, die Schiedsrichter nach Seiten bzw. Abschnitten zu organisieren. Ein Schiedsrichter der beispielsweise auf der C-Seite, also die Rückseite des Gebäudes vom Hauseingang gesehen, postiert wird, kann mit großer Sicherheit ein fundiertes Feedback geben, ob ganzheitlich rundum erkundet wurde. Eine Lagedarstellung kann in dieser Systematik angefertigt werden und es lassen sich so ortsgerecht Notizen über die Übungsleistung erstellen. Es bieten sich für die spätere strukturierte Nachbesprechung ein Flipchart und selbstklebende Folien wie etwa Taktifol an. Die Übungsteilnehmer können so im Nachhinein besser gemäß ihrem Einsatzauftrag reflektieren. In diesem Kontext wird das Bewusstsein für die Orientierung geschärft. So sensibilisiert, werden die Teilnehmer der Einsatzübung einen Lernerfolg in der situativen Aufmerksamkeit erhalten.

Taktikvariante und Kontrollpunkte

Um die Einsatzübung erfolgreich zu einem guten Ende zu bringen, ist es wichtig, eine klare Auftrags- bzw. Befehlstaktik zu wählen. In den Kontrollpunkten werden gewissen Zielvorgaben definiert, die von den Schiedsrichtern bewertet werden. Hier bietet es sich an, in der strukturierten Nachbesprechung des Führungskreises die gewählte Taktikvariante nach folgenden Faktoren gemeinsam mit den Abschnittsleitern abzuwägen:

- Sicherheit,
- Schnelligkeit,
- Erfolgsaussicht,
- Umweltverträglichkeit,
- Aufwand,
- Gesamtwirkung.

Natürlich gibt es nicht den perfekten Weg X oder den fast perfekten Weg Y. Vielmehr ist die Entscheidungsfindung auch ein intuitiver Prozess. Viele Trigger, wie z. B. Einsatzerfahrungen oder Ausbildungen, ermöglichen es Entscheidungsträgern einen Plan auch unter gewissem Zeitstress umzusetzen. In der strukturierten Nachbesprechung kann dann über Vor- und Nachteile der gewählten Taktik ergebnisoffen und sachlich diskutiert werden.

Einsatzort deutlich befehlen

»Kommuniziere sicher und effektiv – sag was dich bewegt!« So lautet der siebte Leitsatz im Crew Ressource Management. Die Leitsätze wurden entwickelt, um nichttechnische Fehler zu vermeiden. Dies bezieht sich auf Fehler, die durch Menschen verursacht werden. In der Gefahrenabwehr allgemein ist man auf Informationen angewiesen. Die große Herausforderung besteht darin, die Nachricht mit den wichtigen Fakten ohne Verlust an den Empfänger zu vermitteln. Die zielgerichtete Kommunikation spielt in diesem Kontext eine große Rolle. Auch dieser Part sollte von den Schiedsrichtern bewertet werden.

Ein Beispiel:

»Lage: Wohnungsbrand im dritten Obergeschoss, Wasserentnahmestelle Unterflurhydrant hinter dem HLF, Verteiler nach einer B-Länge, Orientierungspunkt Verteiler.«

»Angriffstrupp, zur Brandbekämpfung, mit erstem C-Rohr, in das dritte Obergeschoss auf der C-Seite, über den Treppenraum von A nach C, vor!«

Nachfrage zum Verständnis

Die Befehlswiederholung ist keine revolutionäre Erfindung. Schon die FwDV 3 schreibt vor: »Einsatzbefehle werden von der beauftragten Einsatzkraft beziehungsweise von dem jeweiligen Truppführer wiederholt«. Ein großes Problem bei der Simulation von Einsatzübungen ist die häufig zitierte Übungskünstlichkeit. Erfahrungsgemäß werden verbesserungswürdige Leistungen entschuldigt mit dem Unwissen über das fehlende ganzheitliche Schadenausmaß oder die häufig eingeschränkte Infrastruktur im Verhältnis der realen Einsatzlage.

Eine Lösung kann das regelrechte verbale Wiederholen der geschilderten Einsatzlage sein. Dem Übungseinsatzleiter sollte Zeit gegeben werden, die Situation zu erfassen. Alle Komponenten, die nicht vollumfänglich simuliert werden können, müssen mit viel Vorstellungskraft kognitiv erzeugt werden.

Merke:

Mit dem ORTEN-Schema lässt sich eine strukturierte Planung und Bewertung der Führungstätigkeit für eine szenarienbasierte Einsatzübung gewährleisten.

5.7 Darsteller

Für Einsatzübungen mit »Verletzten« benötigt die Übungsleitung Darsteller. Je nach Übungslage kann das von einem Darsteller bspw. für das Szenario eines Pkw-Unfalls bis hin zu mehreren hundert Darstellern für Übungen in Stadien, Krankenhäusern, Bahnhöfen usw. reichen. Je größer die Anzahl der benötigten Darsteller ist, desto wahrscheinlicher wird es auch sein, dass die Darsteller ohne Hintergrundwissen über die Einsatzorganisation dazukommen. Insbesondere bei dieser Zielgruppe sollte im Rahmen der Vorbereitung noch mehr auf Information, Vorbereitung und Betreuung der Darsteller bei der Übung geachtet werden.

Folgenden Fragen können bei der Planung helfen:

- Kommen die Darsteller aus dem Kontext der Hilfsdienste oder sind es »Externe«?
    - Vorbereitung auf die Szenarien,
    - Mindestalter, ggf. Mindestgewicht für bestimmte Darstellungsvarianten festlegen.

- Was erwartet die Darsteller für ein Szenario?
  - Schminken mit Wunden/Verletzungen,
  - Kleidung kann verschmutzt werden,
  - Transport mit Rettungstüchern, Spineboard,
  - Transport in eine Klinik mit einem Rettungsmittel.
- Was muss dargestellt werden? Bsp. Atemnot, Schmerzen?
  - evtl. Fitness beachten,
  - evtl. Höhentauglichkeit: Übersteigen in den Korb,
  - für Sicherheit der Darsteller sorgen!
- Ist Einsatz von Pyrotechnik geplant?
- Mit welchen physischen Erlebnissen müssen die Darsteller rechnen?

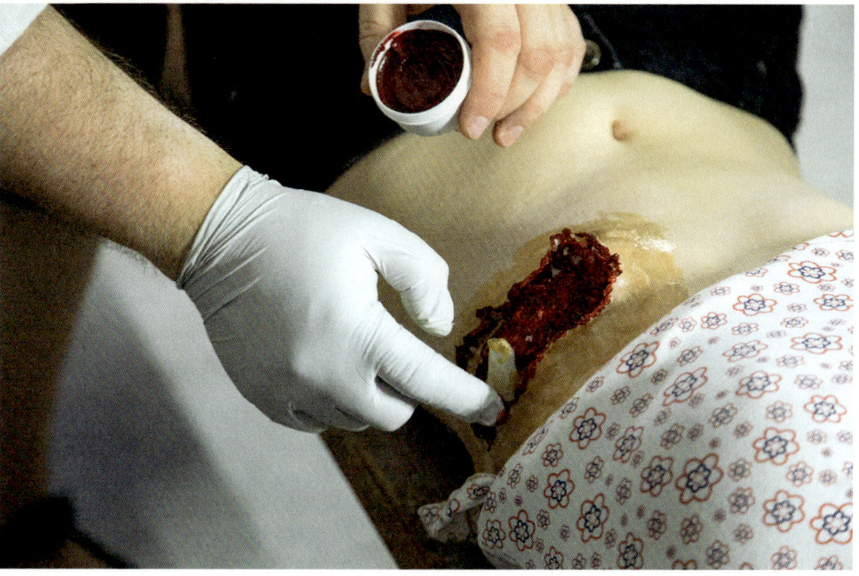

Bild 29: ***Vorbereitung einer Verletzung mit den Mitteln der realistischen Unfalldarstellung (Foto: Kai Zaengel)***

Die Darsteller sollten vor der Übung an einer Sammelstelle auf das Szenario vorbereitet werden. Jeder Darsteller sollte gefragt werden, ob er/sie es sich zutraut und ob er/sie gesundheitlich in der Lage dazu ist.

Bild 30: ***Darstellerin, die für die Einsatzübung in Position gebracht wurde. (Foto: Kai Zaengel)***

Merke:

Nur gut vorbereitete Darsteller, welche sich realistisch verhalten, bringen einen Mehrwert für die Einsatzübung.

Damit der reibungslose Ablauf während der Übung gewährleistet ist, sollte ein Verantwortlicher für die Darsteller eingesetzt werden. Exemplarische Aufgaben dieser Funktion sind:

- Briefing der Darsteller,
- Sicherstellung des »Auftritts« zum richtigen Zeitpunkt,
- Transport der Darsteller zum Übungsort,
- Sorgen für Sicherheit,
- etc.

Es ist wichtig, dass sich die Übungsleitung erkundigt, welche Versicherungen für die Darsteller im Einzelnen bereits kraft Gesetzes (z. B. Sozialgesetzbuch, Feuerwehrunfallkasse, Kommunaler Schadenausgleich, Haftpflichtversicherung innerhalb der

Organisation etc.) bestehen. Weiterhin sollte geprüft werden, welche Versicherungen insbesondere für organisationsfremde Personen abzuschließen sind. Bei der Versicherungsfrage sollten nicht nur Personenschäden, sondern auch Sachschäden bedacht werden.

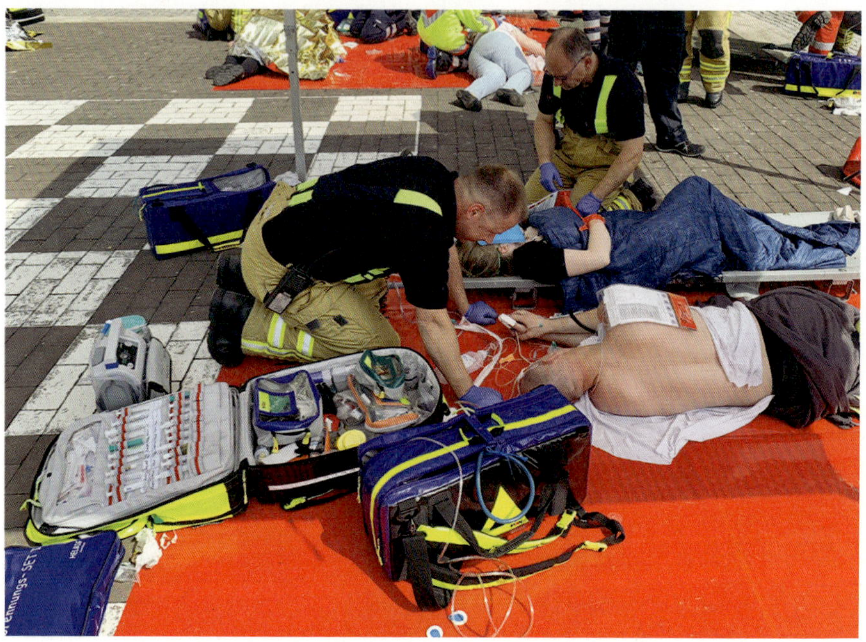

Bild 31: ***Darsteller auf Patientenablage***

5.8 Einsatzkräfte

Für die an einer Übung beteiligten Einsatzkräfte handelt es sich um eine Form der angewandten Ausbildung. Die Leistungsfähigkeit der Einsatz- und Führungskräfte wird mittel- und unmittelbar immer überprüft. Die Einsatzkräfte werden auf ihre Aufgaben im Einsatz vorbereitet.

Grundsätzlich sollten Einsatz- und Führungskräfte für die in der Übung geforderten Aufgaben im Vorfeld qualifiziert worden sein. Das Niveau der übenden Einheit sollte dabei unbedingt berücksichtigt werden. Für die übenden Kräfte sollte weder ein Zustand von Unter- noch von Überforderung entstehen. Eine Teilnehmeranalyse kann helfen, eine für die Kräfte passende Übung zu entwickeln (siehe Kapitel 5.4).

Merke:

Einsatzübungen überprüfen immer die Leistungsfähigkeit der Einsatz- und Führungskräfte.

Für die übenden Einsatzkräfte lässt sich auch das Yerkes-Dodson-Gesetz anwenden, bzw. das Niveau entsprechend anpassen. Das Yerkes-Dodson-Gesetz besagt, dass zwischen Erregung und Leistung eine umgekehrte U-förmige Beziehung herrscht. Bei Unter- oder Überforderung erbringen Menschen schlechtere Leistungen als bei einem mittleren Erregungsniveau, der Komfortzone. Das Leistungsoptimum wird bei mittelmäßiger Aktivierung in der Komfortzone erreicht.

Bild 32: ***Einsatzkräfte sollten vorab eine dem Übungsziel angepasste Ausbildung erhalten haben. (Foto: Timo Jann)***

Gemäß dem Yerkes-Dodson-Gesetz sind zwei Zustände hinderlich: Entweder ist der Mensch zu inaktiv und gelangweilt oder zu überaktiviert. Dann können sich Menschen vor Angst oder Überforderung nicht auf das Wichtigste konzentrieren. Die Leistung fällt ab, je mehr sich der Mensch an den Extremen der Über- und Unterforderung bewegt. Diese Erkenntnisse sollte die Übungsleitung bereits in der Vorbereitung berücksichtigen, um mit den Einsatzkräften motivierend zu üben.

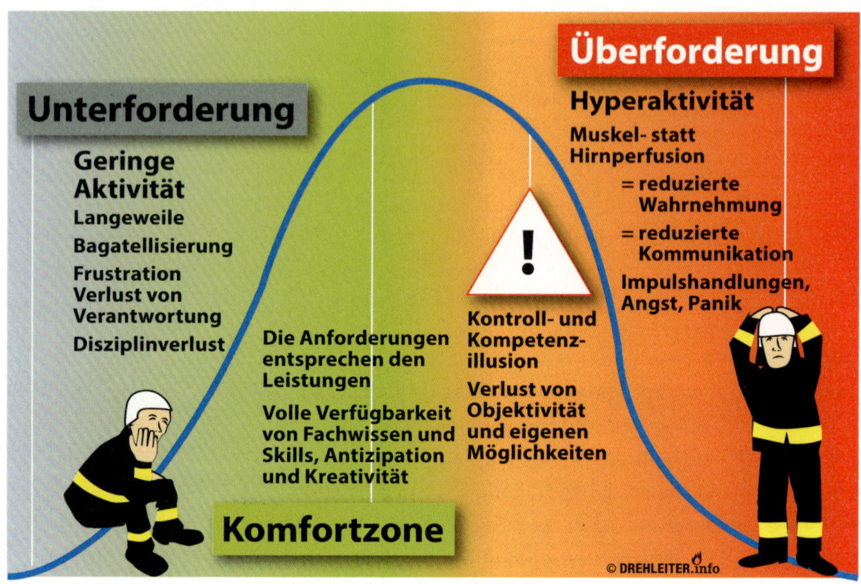

Bild 33: ***Yerkes-Dodson-Graphik***

5.9 Kontrollpunkte

»Das beste Mittel gegen Sinnestäuschungen ist das Messen, Zählen und Wiegen.«
Platon (427 bis 348 v. Chr.), griechischer Philosoph

Im Mittelpunkt stehen neben dem Trainingseffekt einer Einsatzübung die zu gewinnenden Erkenntnisse. Um strukturiert vorzugehen, empfiehlt sich vor der Übung anhand des gedachten Verlaufs sogenannte Kontrollpunkte zu entwickeln. Anhand von Kontrollpunkten lassen sich Ereignisse und/oder Vorgaben nach festgelegten Kriterien überprüfen. Sie müssen vor der Übung bestimmt werden. Die Schiedsrichter werden vor der Übung über die Themen informiert, die Kontrollpunkte können hierzu auf einer Checkliste aufgelistet werden (siehe Anhang A6 zu diesem Buch).

Für den Teilnehmer ist eine qualifizierte Rückmeldung wichtig. Es geht bei einer Übung darum, Erkenntnisse zu gewinnen und sich als Teilnehmer zu verbessern. Dafür ist eine Meldung notwendig: reflektieren der eigenen Handlungen und Hinweise, Vorschläge, wie die Aufgabe ggf. leichter, einfacher, zielgerichteter gelöst werden kann.

Eine Nachbesprechung sollte mindestens in folgender Struktur erfolgen:

- Was war gut gelungen? Positive Rückmeldung geben.
- Was war mittelmäßig/hatte Schwächen? Konstruktive Kritik üben.
- Was lässt sich verbessern? Lösungsvorschläge geben.

Für eine praxistaugliche Hilfestellung siehe Kapitel 7.1 »Hand-Regel«. Die Übungsleitung überprüft während der Übung anhand der zuvor festgelegten Kriterien, welche gestellten Anforderungen durch die übende Organisation erfüllt werden.

Bild 34: ***Anhand von Checklisten kann das Erreichen der Kontrollpunkte einer Einsatzübung überwacht werden.***

Je nach Übungsart und Ansatz der Übung kann die Einheit über die Kontrollpunkte im Vorfeld im Rahmen einer Einweisung informiert werden. Beobachtungen der Verfasser zeigen, dass die Übung trotz der Bekanntgabe der abgeforderten Inhalte nicht fehlerfrei verläuft. Folgendes sollte von der Übungsleitung vor der Übung für die spätere Auswertung dokumentiert werden:

- die durch das Szenario abgefragten Tätigkeiten und Maßnahmen: Welche Anforderungen muss die Einheit erfüllen? (z. B. Menschenrettung aus dem 3. OG, Sichtung von Verletzten),
- die von der Übungsleitung nicht festgelegten Punkte, die jedoch für das Erreichen des Ziels notwendig sind,
- erforderliche gesetzliche Anforderungen, Vorschriften, Standardeinsatzregeln.

Merke:

Kontrollpunkte legen das WAS fest, nicht das WIE!

5.10 Sicherheitskonzept

Dr. Adrian Ridder

Übungen haben immer das Ziel, möglichst optimal auf den Einsatz vorzubereiten. Neben dem Erreichen eines möglichst großen Einsatzerfolges gehört dazu auch, dass alle Beteiligten sicher aus dem Einsatz zurückkommen. Dementsprechend muss jede Übung auch dazu genutzt werden, möglichst sichere Handlungsabläufe zu trainieren und Verfahren zu etablieren, wie Einsatzerfolg und Sicherheit miteinander vereinbart werden können und nicht zu Gegensätzen werden.

Dieses Kapitel wird wichtige Hinweise, die Sicherheit schon im Rahmen der Übungsplanung zu berücksichtigen, vorstellen. Die Ausführungen orientieren sich bei den allgemeinen Beschreibungen und Beispielen an Übungen für Feuerwehr-Einheiten. Grundsätzlich sind sie auch auf Einheiten des THW, der Wasserrettung, der Hilfsorganisationen oder andere Organisationen übertragbar.

5.10.1 Rechtliches

Die Verantwortung für die Sicherheit der Einsatzkräfte ist über alle Ebenen der Übungsteilnehmer verteilt. Zu allererst ist jede einzelne Einsatzkraft für sich selbst verantwortlich, auch und vor allem was die Sicherheit angeht. Darüber hinaus sind die Führungskräfte der einzelnen Ebenen besonders verantwortlich für die Sicherheit der unterstellten Feuerwehrangehörigen, insbesondere was deren Sicherheit, Gesundheit und Wohlergehen angeht. Daher sollten insbesondere im plan- und gestaltbaren Übungsbetrieb zur Erfüllung dieser Fürsorgepflicht alle zur Verfügung stehenden und praktikablen Maßnahmen ergriffen werden, um die Sicherheit (die Gesundheit und das Leben) der Feuerwehrangehörigen zu schützen. Dazu kann auch die Etablierung der Funktion des Sicherheitsassistenten beitragen.

Geltende Regelungen wie z. B. Dienstanweisungen, Betriebsvorschriften und -anleitungen, Dienstvorschriften und Gesetze müssen in jedem Fall eingehalten werden. Jedoch gibt es nicht für jede Situation, wie sie im Rahmen von Einsatzübungen entstehen können, einschlägige und eindeutige bestehende Vorgaben. Folglich müssen die jeweiligen zu treffenden Maßnahmen für den konkreten Einzelfall getroffen werden. Ausschlaggebend ist eine systematische Beurteilung der möglicherweise entstehenden Gefährdungen und der vorhandenen bzw. umsetzbaren Schutzmaßnahmen. Dies kann z. B. in Form von Gefährdungsbeurteilungen erfolgen.

Diese ermittelten Maßnahmen sind dann auf ihre Wirksamkeit zu überprüfen und erforderlichenfalls an sich ändernde Gegebenheiten anzupassen. Dazu bedarf es einer geeigneten Organisationsstruktur im Rahmen der Einsatzübung, wofür sich die Verwendung von Sicherheitsassistenten anbietet. Denn Einsatzübungen verlaufen dynamisch und nicht immer vollständig im vorgeplanten bzw. vorhergesehenen Rahmen. Daher müssen auch die Schutzmaßnahmen systematisch und dynamisch überprüft und angepasst werden.

5.10.2 Sicherheitskonzeption für Übungen

Klare Zieldefinition

Damit Übungen sicher ablaufen können, sollen einige Grundregeln eingehalten werden. Dazu gehört insbesondere eine genaue, detaillierte Zieldefinition. Diese ist auch aus methodisch-didaktischen Gründen empfehlenswert. Für die Sicherheit ist es elementar, dass klar festgelegt werden soll, was in einer Übung geübt und welches Lernziel erreicht werden soll. Dabei ist es wichtig, dass die Erwartungshaltung an die übende(n) Einheit(en) und einzelnen Beteiligten realistisch bleibt: Die übende(n) Einheit(en) soll(en) das Ziel mit den zur Verfügung stehenden Mitteln auch erreichen können, denn durch Überforderung entstehen ansonsten unsichere Situationen! Dies resultiert aus oftmals beobachtbaren Zweckentfremdungen von Ausrüstungsgegenständen bei fehlendem geeigneten Material sowie Überlastungs- und Stressreaktionen bei den Beteiligten, welche die Urteilsfähigkeit einschränken. Besonders aus solchen Beurteilungsfehlern entstehen oftmals Unfälle, da gefährliche Situationen nicht als solche erkannt werden.

Maßnahmen für reale Gefahrensituationen

Zur Vorbereitung sicherer Übungen gehört auch die Vorplanung mit evtl. eintretenden realen Gefahrensituationen. Diese müssen einerseits schnell von »simulierten« Übungsbestandteilen unterschieden werden können. Dazu bietet sich die Verwendung von Stichwörtern zur Verwendung u. a. im Funkverkehr an. Etabliert ist z. B. die Verwendung des Signalworts »Tatsache!« bei realen Gefahrensituationen wie z. B. verletzten Übungsteilnehmern. Andererseits sind bei realitätsnahen Übungen, z. B. unter Verwendung von Pyrotechnik/Brandsimulation/Echtfeuer je nach Umfang und Schwierigkeitsgrad Einheiten (z. B. Atemschutztrupp) vorzuhalten, die bei Bedarf einschreiten können. Die Notwendigkeit könnte entstehen, wenn die übende Einheit überfordert ist (was unter Berücksichtigung der angemessenen Zieldefinition vermieden werden sollte) oder sich aufgrund des dynamischen Übungsverlaufes Umstände ergeben, die nicht vorplanbar waren.

Zu den je nach Gefahrneigung der Übung vorzuhaltenden Real-Einheiten gehört auch die rettungsdienstliche Absicherung. Kann bei Standardübungen ggf. die Übergabe von Patienten an den Rettungsdienst auch nur simuliert werden, sollte für Übungen mit entsprechender Gefährdungslage mindestens ein ausreichend

Bild 35: ***Gefahrensituationen müssen auch für die Darsteller beurteilt werden. (Foto: Kai Zaengel)***

qualifiziert besetzter RTW zur Verfügung stehen. Dieser kann dann in die Übung einbezogen werden und steht gleichzeitig für reale Verletzungen bereit.

Bild 36: ***Gerade in der realistischen Übungsdarstellung ist mit Gefahren für die Darsteller durch scharfe Kanten, Glasscherben oder Splitter zu rechnen. (Foto: Kai Zaengel)***

Entscheidungsbefugte Übungsbeobachter

Insbesondere bei Übungen, die über eine einzelne Einheit der Organisation hinausgehen, sollten zur Qualitätssicherung und Überwachung der Sicherheit ausreichend entscheidungsbefugte Überwacher/Übungsbeobachter eingesetzt werden, die auf die Sicherheit achten. Dies ist insbesondere dann relevant, wenn Verletztendarsteller anwesend sein werden, da diese besonders geschützt werden müssen und z. T. für sie bestehende Gefährdungen nicht selbstständig erkennen oder sich aus ihrer jeweiligen Zwangssituation auch nicht selbstständig befreien können.

Neben dem Sicherheitsaspekt können diese Übungsbeobachter auch die Leistung einzelner Funktionsträger innerhalb der Übung beobachten und bewerten und insgesamt eine solide Grundlage für die Dokumentation und saubere Aufbereitung der Übung liefern.

Grundregeln für sichere Übungen:

1. Klare Zieldefinition festlegen.
2. Maßnahmen für reale Gefahrensituationen treffen!
3. Übungsverlauf vorab beurteilen (Sicherheitskonzeption).
4. Entscheidungsbefugte Übungsbeobachter (SiAss) einsetzen!

5.10.3 Sicherheitskonzeption und Rollenverständnis – Der Sicherheitsassistent

Zu einer umfassenden Sicherheitskonzeption für Übungen gehören ein klares Rollenverständnis und die Aufgabenteilung. Der Übungsleiter ist gesamtverantwortlich für den erfolgreichen und damit auch sicheren Ablauf einer Übung und einen entsprechenden daraus resultierenden Erkenntnisgewinn. Er wird dabei sinnvoller Weise unterstützt durch den Arbeitssicherheitsexperten sowie Sicherheitsassistent.

Es wurde bereits auf Übungsbeobachter eingegangen, die schon allein aus der didaktischen Notwendigkeit einer Begleitung und Aufbereitung der Übung für den Übungserfolg notwendig sind. Gleichzeitig können sie ein wichtiger Bestandteil der Sicherheitskonzeption sein, indem die dazu eingesetzten Funktionen gleichzeitig als Sicherheitsassistent fungieren.

Aus der Industrie bekannte Verfahren zur Gefährdungsbeurteilung sind meist nicht für die Verwendung im Einsatz- und Übungsdienst der Feuerwehren verwendbar, da dort, anders als in der Industrie, der »Arbeitsplatz« der Feuerwehrangehörigen – die Einsatzstelle – und die dort herrschenden Gefährdungen nur in sehr geringem Maße vom Arbeitgeber beeinflussbar sind und sich die Gefährdungen teils in sehr kurzen Zeitabständen ändern können, die Arbeitsbedingungen somit nicht konstant sind. Eine einmalige oder auch in regelmäßigen größeren Zeitabständen durchgeführte Gefährdungsbeurteilung greift hier zu kurz, da von Einsatz zu Einsatz oder Übung zu Übung andere Bedingungen vorliegen können, welche v. a. in ihrer Kombination mit anderen vorliegenden Gefährdungen zu wiederum neuen Gefährdungen führen können. Eine Gefährdungsbeurteilung im Feuerwehrdienst muss daher dynamisch und den wechselnden Bedingungen an Einsatz- und Übungsstellen – die sich auch während eines Einsatzes ändern können – angepasst wiederholt durchgeführt werden.

Dies kann zum einen durch die Führungskräfte geschehen, welche während des Einsatzes wiederholt den Führungskreislauf durchlaufen sollten, und im Rahmen dieser kontinuierlichen Lageevaluation auch auf sich ändernde Gefährdungen und

Risiken aufmerksam werden sollten. Diese Erkenntnisse sollten die Führer dann in die Entwicklung der Arbeitsschutzmaßnahmen einfließen lassen. Doch auch an dieser Stelle gelten die bereits beschriebenen sensorischen und kognitiven Beschränkungen der Führungskräfte, welche v. a. durch deren Mehrfachbelastung durch verschiedene taktische Führungsaufgaben dazu führen können, dass diese besondere Gefährdungsbeurteilung nicht mehr in der im gesetzlichen Regelwerk geforderten Qualität durchgeführt wird.

Der Sicherheitsassistent

In den USA und anderen Ländern (u. a. Frankreich, UK, Australien, Schweiz) existiert schon seit längerem bei vielen Feuerwehren die Funktion »Safety Officer«. Seit 2010 etabliert sich diese Funktion als »Sicherheitsassistent« (SiAss) auch in Deutschland. Durch diesen pragmatischen und praxisnahen Ansatz für Übung und Einsatz können die o. g. zentralen Forderungen der Arbeitsschutzgesetzgebung umgesetzt werden: Der SiAss wirkt als »dynamische Echtzeit-Gefährdungsbeurteilung«. Diese muss regelmäßig wiederholt werden (teils im Minuten- oder gar Sekundenbereich), um sich gegebenenfalls schnell ändernden Einsatzbedingungen Rechnung zu tragen.

Der Sicherheitsassistent nimmt im Grunde die Funktion eines Führungsassistenten ein, der sich ausschließlich um Sicherheitsbelange kümmert, wovon die deutsche Bezeichnung abgeleitet wurde. Er ist als Stabsfunktion direkt dem Einsatzleiter unterstellt und unterstützt diesen bei der sicheren Abarbeitung des Einsatzes; die Verantwortung und letztendliche Entscheidungsbefugnis verbleibt beim Einsatzleiter.

Hauptaufgabe des Sicherheitsassistenten ist das Feststellen und Bewerten von Gefährdungen, unsicheren Situationen und unsicheren Verhaltensweisen an der Einsatzstelle. Darüber hinaus entwickelt er Maßnahmen zur Gewährleistung der Sicherheit der Einsatzkräfte und schlägt diese dem Einsatzleiter vor. Er stellt quasi ein weiteres »Paar Augen und Ohren« für den Einsatzleiter dar. Da er sich primär nur um die Sicherheit der Feuerwehrangehörigen kümmern kann, ist er ein »Schutzengel« für die Einsatzkräfte.

Der SiAss hat die Befugnis, bei Gefahr Führungsebenen zu überspringen, um so gefährliche Situationen oder unsichere Maßnahmen zu beenden. Dies entspricht einer Regelung der FwDV 3, wonach jede Einsatzkraft berechtigt ist, bei Gefahr die Tätigkeit einstellen zu lassen (Kommando »Gefahr – Alle sofort zurück!«). Ein Führungsdurchgriff des SiAss zum Stoppen unsicherer Tätigkeiten sowie deren Änderung oder Aufschiebung muss jedoch die letzte Maßnahme sein, wenn die

Bild 37: ***Der Sicherheitsassistent ist der mobile Gefährdungsbeurteiler während der Übung.***

zuständige Führungskraft nicht mehr rechtzeitig erreicht werden kann, um im Rahmen einer normalen »Beratung« die Situation zu ändern.

Der Sicherheitsassistent sollte im Idealfall auf der fachlichen Ebene vergleichbar des Experten für Arbeitsschutz (z. B. Fachkraft für Arbeitssicherheit – FASi in Deutschland) angesiedelt sein. Dazu gehört eine angemessene Aus- und Fortbildung. Durch eine entsprechende Dokumentation des Einsatzverlaufs (auch und vor allem durch Fotos, Skizzen, Helmkameraufnahmen etc. und weniger durch lange Berichte) ergibt sich dabei auch die Möglichkeit, in Form einer dynamischen Gefährdungsbeurteilung im laufenden Einsatz gesetzliche Forderungen aus dem Arbeitsschutzgesetz sinnvoll umzusetzen. Mit der erhöhten Einsatzsicherheit geht dabei auch eine erhöhte Rechtssicherheit für Führungskräfte und Leiter der Feuerwehr einher. Die Funktion des SiAss ist dabei keinesfalls als »Gängelung« oder Kontrolle von Führungskräften und Einsatzleitern zu verstehen, sondern entlastet und unterstützt diese bei ihrer anspruchsvollen Tätigkeit.

5.10.4 Arbeitssicherheitsexperte

Auf europäischer Ebene ergibt sich aus der nationalen Umsetzung der EG-Rahmenrichtlinie 89/391/EWG die Etablierung einer Funktion, die den Arbeitgeber beim Arbeitsschutz und bei der Unfallverhütung in allen Fragen der Arbeitssicherheit einschließlich der menschengerechten Gestaltung der Arbeit zu unterstützen und zu beraten hat. Sie soll die Durchführung des Arbeitsschutzes und der Unfallverhütung beobachten sowie Ursachen von Arbeitsunfällen untersuchen. Diese Aufgaben werden bei der Feuerwehr nach bisherigem Verständnis der Rechtsgrundlagen und der gelebten Praxis vornehmlich im »rückwärtigen« Bereich vorgenommen, d. h. nicht im Einsatz. Die FASi ist derzeit v. a. beim Arbeitsdienst, der Ausstattung von Arbeitsstätten, bei Beschaffungen und der Vermittlung von Unfallverhütungsvorschriften tätig. Der SiAss kommt im Gegensatz dazu vornehmlich im bisher meist – bezogen auf sicherheitstechnische Betreuung – vernachlässigten Bereich des Einsatzes und bei Übungen zum Zuge.

Für den Übungsdienst an dafür vorgesehenen Objekten wie Feuerwachen, Brandübungshäusern, Feuerwehrschulen und sonstigen Übungsanlagen überschneiden sich die Zuständigkeiten des Sicherheitsassistenten (aus der Dynamik von Übungen auch an solchen Einrichtungen heraus sinnvoll) und des für den rückwärtigen Bereich zuständigen Arbeitssicherheitsexperten (z. B. Fachkraft für Arbeitssicherheit). Bild 38 stellt schematisch die jeweiligen Zuständigkeitsbereiche dar.

Auch Form und Umfang der Dokumentation der Sicherheitskonzeption für eine Übung lassen sich den einzelnen Bereichen zuordnen. So ist für den sogenannten Rückwärtigen Dienstbetrieb die klassische Gefährdungsbeurteilung wie in der Wirtschaft üblich sinnvoll und umzusetzen. Die Tragfähigkeit von Anschlagmitteln ist z. B. unabhängig von der Verwendung im Bereich von Industriekletterern oder dem Übungsturm der Höhenretter gleich zu bewerten und die Anwendungsbereiche unterliegen hier keinen grundsätzlich anderen Rahmenbedingungen. Für den Übungsdienst erscheint es sinnvoll, für die entsprechenden Besonderheiten angepasste Varianten einer Gefährdungsbeurteilung zu verwenden, die pragmatisch und gleichzeitig umfassend sind. Der Sicherheitsassistent als dynamische Echtzeit-Gefährdungsbeurteilung ist besonders geeignet für die dynamischen Umgebungen des Einsatzdienstes sowie von entsprechend aufwändigen Übungen. Details werden nachfolgend erläutert.

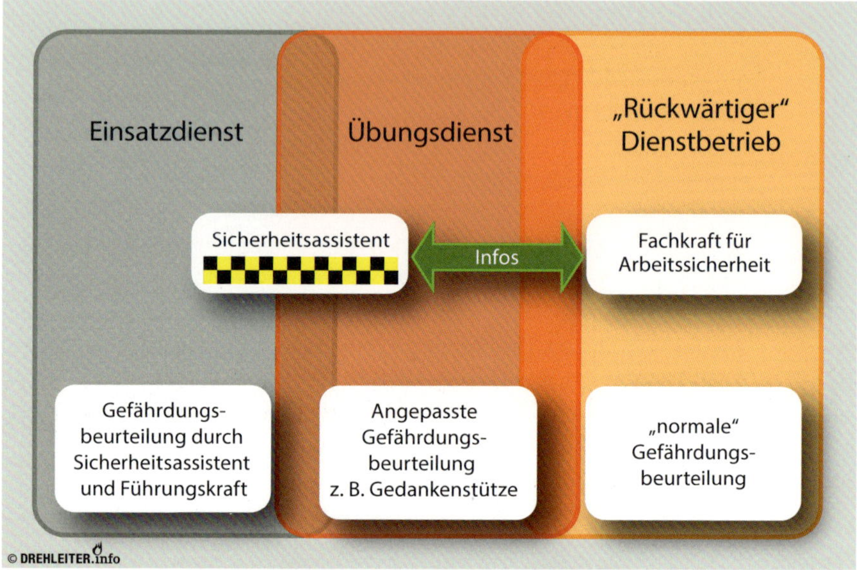

Bild 38: ***Abgrenzung zwischen den Zuständigkeiten zwischen Sicherheitsassistent und Arbeitsschutzexperte (Quelle: Dr. Adrian Ridder)***

5.10.5 Dokumentation und Sicherheitsarchitektur je Übungsstufe

Die Art und Weise der Dokumentation von Gefährdungsbeurteilungen bzw. ganz allgemein »Sicherheitskonzeptionen« ist im Regelwerk nicht abschließend festgelegt. Daher macht es Sinn, gemäß dem Anwendungsfall unterschiedlich umfänglich zu verfahren.

Stufe 1 – Gedankenstütze Gefährdungsbeurteilung

Dieses Dokument dient als Gedankenstütze bei der Erstellung einer Gefährdungsbeurteilung für Übung oder Ausbildung, um keine relevanten Punkte zu vergessen. Für wenig aufwändige und unkomplizierte Übungen kann ggf. das Ausfüllen der Gedankenstütze in der angebotenen Kurzform ausreichend sein, für entsprechend komplexere und/oder größere Übungen sollte eine entsprechend ausführliche Gedankenstütze in einem gesonderten Dokument erstellt werden. Deren Vollständigkeit kann dann z. B. anhand der Gedankenstütze überprüft werden.

Die Gedankenstütze sollte bereits ab Stufe 1 der Übungen (eine Einheit der gleichen Organisation) durchgeführt werden, wenn nicht am eigenen Standort (z. B. Feuerwehrhaus) geübt wird, also z. B. an einem Abbruchhaus o. ä. Der eigene Standort sollte im Rahmen der sicherheitstechnischen Betreuung durch den Arbeitssicherheitsexperten so sicher sein, dass dort in dieser Stufe keine besonderen Maßnahmen nötig erscheinen.

Bild 39: ***Bereits bei Übungen mit einer Einheit, kann eine Gefährdungsbeurteilung bei einfachen Objekten notwendig werden. In diesem Beispiel muss die Freileitung berücksichtigt werden.***

Stufe 2 – Sicherheitsassistent oder umfängliche Gefährdungsbeurteilung

Bei Übungen der Stufe 2 (Einsatzübung für mehrere Einheiten) sollte(n) ein oder mehrere Sicherheitsassistent(en) eingebunden werden sowie die Gedankenstütze Gefährdungsbeurteilung im Vorfeld verwendet werden. Aufgrund der Vielzahl an eingesetzten Kräften in dieser Stufe ist eine alleinige Kontrolle durch einen einzelnen Übungsleiter/Ausbilder oder die jeweiligen Führungskräfte nicht mehr zu gewährleisten. Aus diesem Grund ist hier eine personelle Unterstützung in Form des Sicherheitsassistenten/Übungsbeobachters sinnvoll. Ggf. ist nach Nutzung der Gedankenstütze eine umfängliche Gefährdungsbeurteilung zu erstellen. Dies ist nötig, wenn:

- beim Ausfüllen der Gedankenstütze bei vielen Gefährdungsarten »ja = vorhanden« angekreuzt werden musste.
- der Punkt »Gefahrstoffe« bejaht werden musste.
- neuartige Ausrüstungsgegenstände ausprobiert werden sollen (Forschung, Produkterprobung etc.).
- die Übungsörtlichkeit per se erhöhte Gefährdung beinhaltet (z. B. Fabrikgelände mit laufender Produktion o. ä.).

Stufe 3 – Sicherheitsassistent je Fachdienst und Gefährdungsbeurteilung
Bei Einsatzübungen mit Einheiten verschiedener Organisationen sollte das Übungsszenario im Vorfeld am besten zwischen dem Arbeitssicherheitsexperten, Experten der anderen beteiligten Organisationen sowie dem Sicherheitsassistenten auf vorhandene Gefährdungen durchleuchtet werden. Dazu kommen die Gedankenstütze sowie ggf. darauf aufbauend eine umfassende Gefährdungsbeurteilung zum Einsatz. Je eingesetztem Fachdienst/Organisation sollte mind. ein der jeweiligen Organisation angehöriger SiAss die Übung begleiten.

5.11 Besonderheiten bei Übungen in der Nacht

Björn Liedtke

Unter keinen anderen Umgebungsbedingungen ist das Auge so gefordert wie bei Dunkelheit und Dämmerlicht. Einsätze und Übungen finden jedoch sehr häufig am Abend oder in der Nacht statt. Somit ist es naheliegend die Übungsvorbereitung und -durchführung den besonderen Bedingungen der »Dunkelheit« anzupassen. Besondere Risiken aufgrund schlechter Lichtverhältnisse sind oft unbekannt oder werden unterschätzt. Eben noch klar erkennbare Hindernisse werden von der Dunkelheit kaschiert, so können sich bestehende Gefahrenmomente verschärfen oder sogar neue Gefahren entstehen. Ursächlich für Zwischenfälle ist häufig die schwierige oder nicht vorhandene Erkennbarkeit von Hindernissen, Problemzonen oder anderen Bereichen. Diese Entwicklung der Sichtbeeinträchtigung geschieht schleichend und wird oft nicht bemerkt oder kommuniziert. Ein hohes Ziel von »Nachtübungen« muss es daher sein, die zusätzlichen Erschwernisse erlebbar und bewertbar zu machen, um ein sicheres Tätigwerden für alle Beteiligten ermöglichen zu können.

Bild 40: ***Absolute Dunkelheit und taghelle Einsatzstellenbeleuchtung fordern die Physiologie des menschlichen Auges heraus.***

Vielfach ist zu beobachten, dass bei der Übungsplanung und -durchführung kein bewusster Unterschied gemacht wird, ob ein Szenario im Herbst/Winter am Abend, in der Nacht oder bei hellen Umgebungsbedingungen ausgeführt wird. Dies wird jedoch nicht dem Umstand gerecht, dass sehr wohl ein gravierender Unterschied besteht, ob eine Erkundungsmaßnahme – also die Informationsaufnahme und -verarbeitung –, die Identifizierung von Hindernissen und Gefahrenstellen am Tag oder in der Dunkelheit erfolgt. Aber auch die Ausführung von Tätigkeiten verläuft nachts anders als am Tag, da beispielsweise tagsüber Grenzsituationen schneller als solche erkannt werden können. Somit ist es von entscheidender Bedeutung, welche Lichtverhältnisse am Einsatz- und Übungsort vorherrschen.

In der Vorgehensweise einer Übungsplanung muss also der Bedarf erkannt werden, »Nachtübungen« bewusst mit aufzunehmen. Die Gründe dieser notwendigen, differenzierten Betrachtungsweise liegen in den menschenbezogenen Unterschieden von Tag zu Nacht. Zum einen ist der menschliche Körper tagaktiv. Das bedeutet, dass tagsüber die größte Leistungsfähigkeit erbracht werden kann. In der

Nachtphase hingegen besteht eine geringere Leistungskurve, da der Körper auf Schlaf und die damit zusammenhängenden Erholungsprozesse eingestellt ist. Vor diesem Hintergrund erklärt sich, dass die körperliche Leistung in der Nacht mehr Anstrengung abverlangt als am Tag, auch eine körperliche Erschöpfung tritt, mangels zu mobilisierender Reserven, schneller ein. Das Sehen in der Dunkelheit ist erschwert. Grundsätzlich kann das menschliche Sehsystem sich sehr gut an die sich ständig ändernden Lichtsituationen im Laufe eines Tages anpassen, wenn auch in unterschiedlicher Qualität.

Hierbei ist es wichtig zu erfahren, wie wir eigentlich sehen. Um zu sehen, brauchen wir Licht! Dies trifft durch die Pupille auf eine Schicht mit Sinneszellen der Netzhaut, das Gehirn wertet die wahrgenommenen Lichtreize aus und erzeugt ein Bild der Umwelt. Somit schaffen unsere Augen ein klares Bild, bei gleißendem Sonnenlicht oder in der Dämmerung. Das ist eine enorme Leistung, die auf der Fähigkeit des Auges beruht, sich an unterschiedliche Lichtverhältnisse anpassen zu können. Diese Anpassung erfolgt physiologisch durch zwei Prozesse. Zum einen durch die Veränderung der Pupillengröße, den sogenannten Pupillenreflex. Die Größe der Pupille verändert sich, je nachdem wie viel Licht vorhanden ist. Sie wird kleiner, wenn viel Licht ins Auge trifft und weitet sich aus, wenn es dunkler wird. Zum anderen wird dieser Anpassungsprozess durch zwei integrierte Rezeptorsysteme in der Netzhaut, den Zapfen und Stäbchen, ermöglicht. Am Tag, bei ausreichender Helligkeit sind die Zapfen aktiv und steuern das sogenannte Tagsehen, Farben und Kontraste können sehr gut wahrgenommen werden. Mit abnehmender Lichtintensität werden zunehmend die Stäbchen aktiv, sie ermöglichen in ihrer Funktion als Schwachlichtrezeptoren das Sehen während der Dämmerung und in der Nacht. Allerdings liegt die Empfindlichkeitsschwelle der Stäbchen ca. 15.000 mal niedriger als bei den Zapfen, das bedeutet, dass immer weniger Farben wahrgenommen werden, zunehmend nur noch Formen, Umrisse und Grautöne. Schaltet das Auge um auf »Nachtsehen«, ist das Erkennen von Farben gar nicht mehr möglich, daher der Spruch: »nachts sind alle Katzen grau«. Der Übergang vom Zapfen- zum Stäbchensehen – also vom Tag- auf Nachtsehen – erfolgt nicht ad hoc. Wechselt man von einem hellen in einen dunklen Raum, ist man zunächst fast blind. Erst nach einer Weile kann man immer mehr erkennen. Die Anpassung an die neuen Lichtverhältnisse gelingt nur langsam, nach etwa 15 Minuten erfolgt eine gute, erst nach etwa einer halben bis dreiviertel Stunde ist die maximal mögliche Leistungsfähigkeit der Augen unter den neuen Bedingungen erreicht. Die Umstellung von dunkel auf hell erfolgt deutlich schneller, bereits nach 15 bis 60 Sekunden sind die Augen völlig an helles Licht gewöhnt. Die Aufnahmegeschwindigkeit von Informationen über die Augen werden bei Dunkelheit langsamer an das Gehirn weitergegeben. Bei Tageslicht werden ca. 25 Lichtbilder/Sekunde an das Gehirn, in der Dunkelheit nur vier Bilder/Sekunde weitergeleitet. Hieraus ergibt sich, dass für die Verarbeitung der gleichen Menge an Informationen in der Nacht einfach mehr Zeit benötigt wird. Die Weitstellung der Pupille bedeutet eine längere Belichtungszeit und ermöglicht es in dunkler Umgebung schwache Lichtgegenstände zu erkennen, schwierig ist aber das deutliche Erkennen von Bewegungen! Ein ständiger Wechsel zwischen Hell und Dunkel strengt die Augen und das Gehirn sehr an und kann zu Irritationen führen. Aus zwei Objekten, die unterschiedlich groß sind, schließt das Gehirn, dass sie unterschiedlich weit weg sind, daher ist es sehr schwer, Entfernungen richtig einzuschätzen. Alterungserscheinungen und Erkrankungen können die genannten Phänomene zusätzlich beeinflussen.

Was bedeuten diese Fakten für die Praxis? Berücksichtigt man die physiologischen Besonderheiten, belegen sie eine eindeutige Notwendigkeit eines besonderen Aus- und Fortbildungsbedarfs zur Thematik »Einsätze und Übungen in dunkler Umgebung«. Hieraus ergeben sich mehrere Kernaussagen und Lernziele, die im Übungsbetrieb herauszustellen, zu verfestigen und zu verknüpfen sind.

Exemplarische Aussagen zu Tätigkeiten in der Dunkelheit sind:

- Die visuelle Informationsaufnahme ist verzögert.
- Farben sind nicht wahrnehmbar.
- Entfernungen sind schwer abschätzbar.
- Bewegungen können schwerer wahrgenommen werden.
- Anpassung an unterschiedliche Beleuchtung erfolgt nicht ad hoc.

Die reduzierte Aufnahmekapazität von Bildern pro Sekunde erklärt eine langsamere Informationsaufnahme und muss bei einer vorbereitenden Inaugenscheinnahme berücksichtigt werden. Dass Farben nicht wahrnehmbar sind, ist von Relevanz, wenn beispielsweise Bauteile oder Personen beschrieben werden müssen. Bei der Bestimmung von Entfernungen ist der Umstand einer Fehleinschätzung unbedingt zu beachten und erhobene Werte sollten vorsorglich mittels Kontrollmechanismen überprüft werden. Beim Betreten unterschiedlich beleuchteter Bereiche sind die Anpassungszeiten der Augen zu berücksichtigen, um keinen Informationsdefiziten zu unterliegen.

Merke:

Bei Dunkelheit bewusst erkunden: Längere, ruhigere Erkundungsphasen – Vollständigkeit geht vor Schnelligkeit!

Beispielhaft lassen sich aus dem Wissen über die Physiologie des Menschen bei Dunkelheit folgende Lernziele ableiten:

- Physiologische Besonderheiten des menschlichen Körpers bei Nachtarbeit kennen.
- Abläufe und Zusammenhänge rund um das Sehen bei Tag und Nacht kennen.
- Vollständige, den physiologischen Besonderheiten angepasste Erkundungsmaßnahmen ergreifen können.
- Zuverlässiges und vollständiges Erkennen von Gefahrenquellen und Hindernissen.
- Enge, angepasste Kommunikationsstrategien kennen und anwenden.
- Tricks und Hilfsmittel für ein besseres Sehen zur leichteren Informationsaufnahme kennen und anwenden.
- Zielgerichtete, erkennbare Einweisezeichen und -möglichkeiten kennen und anwenden.
- Zielgerichtetes, angepasstes Ausleuchten des Tätigkeitsbereiches – Möglichkeiten, Grenzen und Probleme – kennen.
- Sicheres Bewegen an ausgeleuchteten Einsatzstellen, Blendungen vermeiden und deren Gefahren und Folgeerscheinungen kennen.

Nicht vermittelte oder nicht beachtete Lernziele können das Gefahrenpotenzial erhöhen, bzw. leicht vermeidbare Risiken entstehen lassen:

- Lösungsmöglichkeiten für besseres Arbeiten in der Dunkelheit.
- Augen in der Dunkelheit: Augen sollten möglichst ruhig gehalten werden, ein schnelles Hin- und Herzucken des Auges ist zu vermeiden.
- Den Blick knapp neben das anvisierte Objekt richten, nachtaktive Stäbchen sind nicht im Zentrum der Netzhaut positioniert, sondern im Randbereich.
- Nicht direkt in eine Lichtquelle blicken, um Blendungen und kurzzeitig anhaltende Flecken vor dem Auge zu vermeiden.

5.11.1 Umsetzung im Übungsbetrieb

Für eine erfolgreiche Umsetzung ist es von Vorteil, dass das vorgesehene Nachtübungskonzept dem dafür vorgesehenen Teilnehmerkreis vorgestellt und erläutert wird. Ein Einführungszeitpunkt sollte bekannt gegeben werden, da dies die allgemeine Akzeptanz fördert und die Grundlage für einen positiven Start bildet.

Mit einer theoretischen Auftaktveranstaltung wird der Grundstein für eine erfolgreiche Übungsgestaltung gelegt. Die Kenntnisse der grundlegenden Besonderheiten und das Verständnis der veränderten Prozesse lassen das Arbeiten in der Dunkelheit in einem anderen Licht erscheinen. Bei der bewussten Begehung eines Objektes mit verschieden Licht- und Schattenquellen lassen sich leicht die beschriebenen physiologischen Besonderheiten darstellen und von jedem einzelnen nachvollziehen. In den praktischen Übungen liegt zunächst der Fokus auf das Erleben und Erfahren der theoretisch genannten Phänomene und daraus resultierende Schwierigkeiten und Verzögerungen.

Bild 41: ***Besonders bei Dunkelheit ist ein Sicherheitsassistent unverzichtbar: Besonderes Augenmerk gilt elektrischen Freileitungen, hier rechts im Bild.***

5.11.2 Auswahl der Objekte:

Grundsätzlich sollte bei der Betrachtung geeigneter Objekte das jeweilige Lernziel im Vordergrund stehen. Eine besondere Spezifikation für Nachtübungen liegt in der Betrachtung der individuellen Beleuchtungssituation der angedachten Bereiche. Dies bedeutet, dass die Auswahl der Übungsobjekte idealerweise mehrstufig erfolgen muss, zunächst steht eine Vorauswahl am Tag bei Helligkeit an, die durch eine Begehung bei dunklen Lichtverhältnissen, zur Erfassung und Bewertung der direkten, objektbezogenen Leuchtquellen, aber auch von Beleuchtungseinflüssen benachbarter Strukturen vervollständigt wird. Dieser zeitliche Mehraufwand dient der Sicherstellung des gewünschten Lernziels. Bleibt eine zusätzliche Inaugenscheinnahme des Übungsareals im Vorfeld aus, können Teilbereiche durch überraschende und ungewollte Lichteinflüsse ausgeleuchtet werden. Dadurch werden gewünschte Lernziele, beispielsweise ein strukturiertes Erkunden mit zur Verfügung stehenden Beleuchtungsmitteln, nicht erreicht. Dies führt zu Frustration der Beteiligten und stellt

Bild 42: ***Eine schwache Umgebungsbeleuchtung erhöht den Schwierigkeitsgrad der Nachtübung. Bei der Auswahl der Objekte ist darauf zu achten.***

die Sinnhaftigkeit der Ausbildungsveranstaltung in Frage. Neben der Betrachtung der Objekteigenschaften ist abzuklären, ob Genehmigungen zum Betreten von Grundstücken erforderlich sind und ob zu Nachtzeiten besondere Sicherungsmaßnahmen an den Objekten (z. B. Einbruchmeldeanlage, verschlossene Bereiche, Wachhunde etc.) bestehen. Auch eine Benachrichtigung an patrouillierende Sicherheitsdienste ist sinnvoll.

5.11.3 Besprechung einer Nachtübung

Bei der Besprechung einer Einsatzübung sind die technischen und taktischen Aspekte zur Erfüllung des Auftrages anhand der Bewertungsfaktoren zu erörtern, erweitert um die erlebten Schwierigkeiten oder Defizite aufgrund der herrschenden Lichtverhältnisse. Aus den Besprechungsinhalten leitet sich hervorragend ein Bedarf für Fortbildungsinhalte ab. Die Ausarbeitung und Gestaltung von »Nachtübungen« ist in der Regel aufwendiger und komplexer gegenüber den Übungsszenarien, die im Tageslicht durchgeführt werden. Der Mehraufwand lohnt sich jedoch, da durch Nachtübungen eine Vielzahl an Erkenntnissen erlangt werden können, die ein effizientes und sicheres arbeiten auch unter schwierigen Rahmenbedingungen ermöglichen.

5.12 Logistik und Verpflegung

Bei jeder Einsatzübung sollte auch eine solide Verpflegung aller eingesetzten Kräfte eingeplant werden. Abhängig von der Wetterlage sind immer ausreichend warme und kalte Getränke bereitzustellen. Der Umfang der Verpflegung hängt hier wesentlich von der Dauer der Einsatzübung ab. Je länger die Übung dauert, umso mehr Aufwand muss in die Vorbereitung der Verpflegung investiert werden. Neben Getränken sollten bei Übungen bis zu vier Stunden mindesten ein Snack bereitgestellt werden: z. B. Müsliriegel, Schokolade oder Kaltverpflegung in Form von Sandwiches oder Brötchen und Aufschnitt. Bei Übungen, die länger als vier Stunden dauern, sollte zusätzlich eine Warmverpflegung wie z. B. Eintopfgerichte angeboten werden.

Es sollte geprüft werden, ob die Verpflegung der Kräfte am Übungsort durch eine Verpflegungseinheit oder in privaten oder öffentlichen Einrichtungen wie Großküchen von Behörden, Krankenhäusern, Universitäten durchgeführt werden soll. Liegen die Orte für Zubereitung der Warmverpflegung und Ausgabe des Essens für die Kräfte an unterschiedlichen Punkten, erhält der Punkt Transport von Warm-

Bild 43: ***Bei Übungen mit vielen Teilnehmern sollte eine professionelle Verpflegungseinheit die Versorgung übernehmen. (Foto: Timo Drux)***

verpflegung besondere Bedeutung, weil dies organisatorische und logistische Herausforderungen erfordert (z. B. thermoisolierte Behälter). Bei einer großen Übung mit mehreren hundert Kräften sollte für die Planung eine professionelle Verpflegungseinheit oder ein dafür qualifizierter Fachberater hinzugezogen werden.

5.13 Kosten ermitteln und einplanen

Bereits in der Planung sind die zu erwartenden Gesamtkosten der Übung zu ermitteln oder abzuschätzen. Insbesondere bei Übungen mit Dritten empfiehlt es sich, die Kosten vorab zu ermitteln. Kommen Einheiten dazu und werden ggf. eingeladen, ist vor der Übung eine Kostenaufstellung anzufordern. So lassen sich Überraschungen im Nachhinein vermeiden. Bei Bedarf kann auch eine Erklärung sinnvoll sein, die den Verzicht auf Kosten bestätigt.

Merke:

Für eine Kalkulation der Übungskosten sollten Angebote eingeholt werden.

Weiterhin sind klare Vereinbarungen darüber hilfreich, welche Mittel bei der Übung von den Kräften eingesetzt werden sollen. Ist beispielsweise der Einsatz spezieller Übungslöschmittel oder medizinischer Verbrauchsmaterialien geplant, sollte das vorab geklärt werden. So ist zum Beispiel vor einer Übung zu klären, ob Verletzte mit oder ohne medizinischem Material versorgt werden. Ist die Versorgung der Darsteller mit Material geplant, sollte vorher die Kostenfrage geklärt werden: Wer bezahlt das Material? Organisationen sollten für geplante Übungen Finanzmittel im Haushalt berücksichtigen.

Im Folgenden sind Beispiele angeführt, die bei Einsatzübungen Kosten verursachen:

- Fahrzeuge (pauschal oder tatsächliche km, beziehungsweise Stunden),
- Einsatzkräfte (Pauschale oder je Stunde),
- Essen und Getränke (pro Person),
- medizinisches Verbrauchsmaterial,
- Sonderlöschmittel (bspw. Übungsschaum),
- Fluide für Nebelmaschinen,
- Übungspuppen,
- Transportkosten/Bereitstellung von »Unfallfahrzeugen«,
- Verletztendarsteller (Pauschale oder je Stunde),
- realistische Unfalldarstellung (Material und Personal),
- Miete für Gelände, Objekte.

Sollen bestimmte Teile der Übung auf oder mit Reserve-Ressourcen abgewickelt werden, müssen diese im Vorhinein festgelegt werden. Im Bereich Sprechfunk sind diese fast überall beplant und vorhanden. Je nach örtlicher Regelung bedarf es jedoch eines Antrags und einer individuellen Freigabe zu Benutzung von Funkkanälen bzw. Rufgruppen durch eine ressourcenverwaltende Stelle. Diese ist in der Regel auf Landkreisebene angesiedelt, kann aber auch vom Land (z. B. Autorisierte Stelle Digitalfunk) betrieben werden.

Je nach Technologie sind Reserve-Ressourcen unterschiedlich leistungsfähig. Prüfen Sie daher bereits bei der Planung und Vorbereitung, ob die Funkreichweite/Netzversorgung alle Übungsörtlichkeiten abdeckt. Die Ressourcen müssen außerdem über eine ausreichende Kapazität für den zu erwartenden Nachrichtenverkehr verfügen. Als Faustformel gilt: Ein Funkkanal bzw. eine Rufgruppe sollte eine Teilnehmerzahl von fünf bis zehn nicht überschreiten.

5.14 Phasenplanung/Drehbuch

Die Erstellung eines detaillierten Phasenplans bildet die Grundlage für eine Übung. In ihm werden der zeitliche Ablauf der Übung, die einzuspielenden Aktionen und Besonderheiten schriftlich festgehalten. Der Phasenplan kann auch als Drehbuch der Übung verstanden werden.

Folgende Punkte sollten im Drehbuch in chronologischer Reihenfolge aufgeführt werden:

- Nummerierung der Phasen,
- geplanter Zeitpunkt des Übungsgeschehens,
- Ablauf und Dynamik des Ereignisses,
- mögliche Reaktionen und Auswirkungen auf den Übungsverlauf,
- organisatorische Hinweise für die Übungsleitung und Schiedsrichter,
- Bemerkungen.

Die Phasenplanung mit dem Drehbuch zur Übung hilft dem Übungskommandanten während der Durchführung den Überblick über den Stand der Übung zu behalten, um hier ggf. steuernd in den Verlauf eingreifen zu können. Ein zeitlich definiertes Drehbuch kann für die Schiedsrichter zudem als Grundlage für eine Bewertung der Übung dienen.

5.15 Prototyp testen/Konzept überprüfen

Grundsätzlich sollten Einsatzübungen vor einem Realdurchlauf auf ihre Struktur überprüft werden. Anhand von Checklisten können die Planungen zu Personal, Material und Organisation überprüft und abgehakt werden. Somit wird sichergestellt, dass keine Punkte offenbleiben. Kleine Einsatzübungen können vorab als Prototyp durch Einheiten, die nicht an der Übung teilnehmen, bewältigt werden. Somit werden planerische Fehlerquellen aufgedeckt und können vor der eigentlichen Übung behoben werden.

Mithilfe einer Planübung können auch komplexe Übungen der Stufe 3 vorab durch die Übungsleitung auf ihren Ablauf und die Struktur gemäß Drehbuch überprüft werden. Sind sämtliche Planungen abgeschlossen, steht einer Übungsdurchführung nichts mehr im Weg.

Bild 44: ***Sicht aus der Vogelperspektive auf eine zuvor an einer Planspielplatte konzipierte Übung (Foto: Timo Jann)***

6 Durchführung

Wenn die Planungen abgeschlossen sind, das Übungskonzept mit den Übungszielen und dem Übungsauftrag finalisiert und der Teilnehmerkreis über den Zeitpunkt informiert ist, kann die Übung fast schon starten. Vor dem Startschuss zur eigentlichen Übung ist es ratsam, Dritte, nicht an der Übung Beteiligte, über mögliche Auswirkungen und Einschränkungen zu informieren.

6.1 Dritte informieren!

Vor einer Übung sollten alle relevanten und betroffenen Personen und Organisationen rechtzeitig und in angemessener Weise informiert werden. So lassen sich die Informationsbedürfnisse der verschiedenen Interessengruppen sicherstellen und ggf. auftretende Missverständnisse und Ärger vermeiden. Empfehlenswert ist grundsätzlich, die notwendigen Informationen schriftlich zu verfassen, damit diese für alle nachvollziehbar sind.

Beispielhaft sind im Folgenden unterschiedliche Aspekte angeführt:

- Informieren der Leitung der Organisation (bspw. Amtsleiter, Stadtbrandmeister, Dienststellenleiter).
- Informieren der zuständigen Leitstelle. So lassen sich Missverständnisse durch etwaige Anrufe aus der Bevölkerung von vornherein ausschließen.
- Informieren der Nutzer, Bewohner und Anwohner des beübten Objekts. Insbesondere bei Wohnhäusern lassen sich durch Aushänge und ein Infoblatt Probleme vermeiden. Hier sollte auch ein kurzer Hinweis erfolgen, ob für Bewohner Einschränkungen wie bspw. bei Zugänglichkeiten in Kauf genommen werden müssen und ob mit einem Hubrettungsfahrzeug von außen an den Fenstern entlanggefahren wird.
- Bei Straßensperrungen oder Einschränkungen des Verkehrs sollten vorab die zuständige Polizei und ggf. die Straßenbaubehörde informiert werden. Bei Straßen sollte auch auf die unterschiedlichen Zuständigkeiten bei Kreis-, Landesstraßen und Autobahn geachtet werden.
- Es sollte insbesondere auf Störungen und Einschränkungen hingewiesen werden: Lärm, Sperrungen von Zugängen, Zufahrten und Parkplätzen.

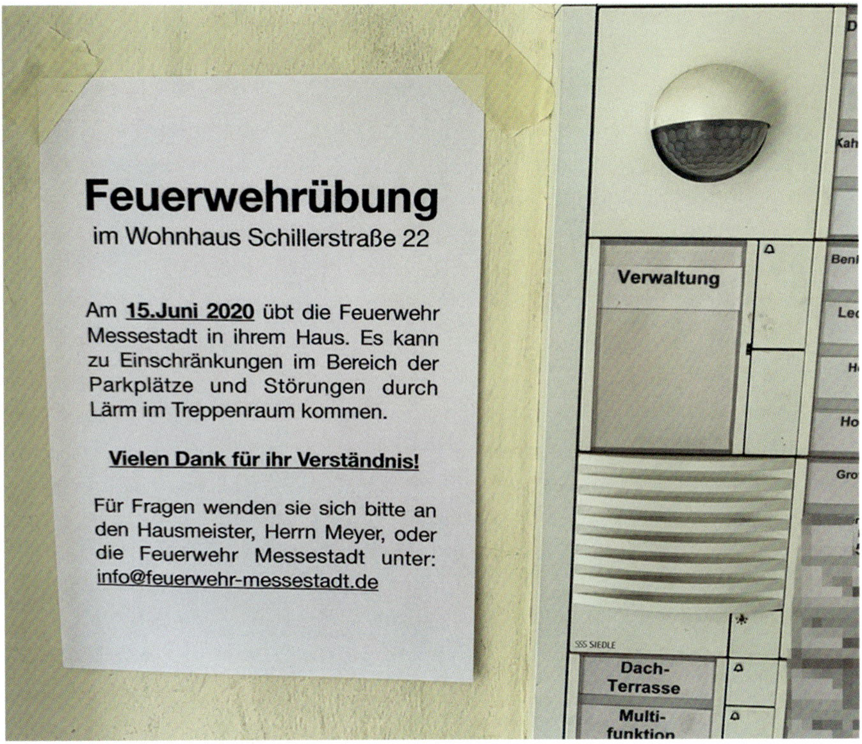

Bild 45: ***Anwohner sollten, falls sie durch Übungen beinträchtig werden könnten, persönlich oder durch Aushang über den Übungszeitpunkt und die Dauer informiert werden.***

Hinweis:

Die herausgegebenen Informationen an Dritte sollten dokumentiert werden, um bei Rückfragen oder eventuell auftretenden Schwierigkeiten einen Nachweis zu haben.

6.2 Darstellung und Realistik des Szenarios

Josef-Heinrich Amacker

In Einsatzübungen trainieren Einsatz- und Führungskräfte, eine oder gleichzeitig mehrere Gefahren zu bekämpfen. In der ersten Phase der Einsatzübung geschieht dies meist auf Basis lückenhafter Informationen. Eine Einsatzübung lebt von der Darstellung des geplanten und vorbereiteten Szenarios.

Merke:

Auch in der Übung gilt: Einsatz der richtigen Mittel, zur richtigen Zeit, am richtigen Ort.

Ausgangspunkt dafür ist die Entscheidung einer Führungskraft nach einer umfassenden Erkundung. Die Darstellung sollte mindestens einen oder mehrere der folgenden Punkte zeigen, um die notwendige Erkundung zu ermöglichen:

- Eindruck der Gesamtsituation (z. B. durch Rauch, Personen am Fenster),
- Befragung von Personen (z. B. Hausmeister beantwortet Fragen des EL),
- Zugänge (Türen, Schlüssel erfragen, FSD öffnen usw.),
- Erkunden des Objekts von allen Seiten (z. B. alle Gebäudeseiten).

Die dargestellten Informationen bilden die Grundlage, um die beiden folgenden Fragen zu beantworten:

- Welche Gefahren sind für Menschen, Tiere, Umwelt, Sachwerte erkannt?
- Welche Gefahr muss zuerst und an welcher Stelle bekämpft werden?

Die sich an die Erkundungen anschließende Planungsphase mit der Beurteilung und dem Entschluss ist ein Denkprozess der Führungskraft, in dem folgende Fragen beantwortet werden:

- Welche Möglichkeiten bestehen für die Gefahrenabwehr?
- Vor welchen Gefahren müssen sich die Einsatzkräfte hierbei schützen?
- Welche Vor- und Nachteile haben die verschiedenen Möglichkeiten?
- Welche Möglichkeit ist die beste?

Für die Beurteilung der Übung spielt dieser Denkprozess keine Rolle, weil dieser erst in der Ausgabe von Befehlen, Einsatzaufträgen und Lagemeldungen wieder sichtbar wird. Ein Befehl erhält hier üblicherweise die Inhalte über Einheit, Auftrag, Mittel, Ziel und Weg, mindestens jedoch die Punkte Einheit und Auftrag. Die Aufträge an die

Kräfte sind ein wesentlicher Punkt, an denen die Schiedsrichter erkennen können, ob die Darstellung der Lage richtig eingeordnet, bzw. erkannt wurde. Wird offensichtlich die Darstellung nicht erkannt oder gänzlich falsch bewertet, muss bei Bedarf interveniert werden durch:

- Lagedarstellung erneuern/verschärfen,
- kurze Information/Abfrage der Führungskraft, was genau erkannt/verstanden wurde.

Merke:

Die Darstellung des Szenarios sollte so gestaltet sein, dass die Teilnehmer und die Übungsleitung/der Übungskommandant das gleiche Bild von der Einsatzlage haben.

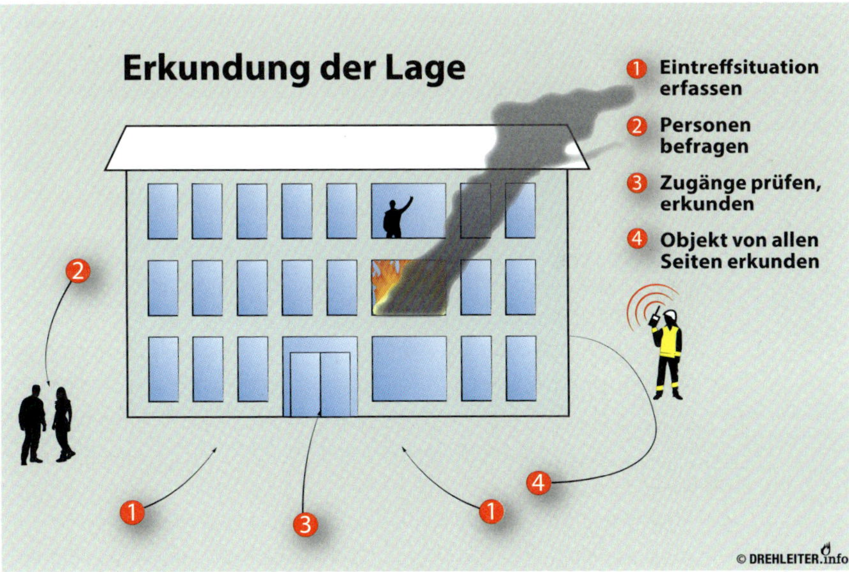

Bild 46: *Erkundung der Lage*

Für die Ausgangslage einer Übung und auch zur Steuerung muss die Übungsleitung verschiedene realitätsnahe »Bühnenbilder« gestalten. Im klassischen Theater soll das Bühnenbild – die bewusst gestaltete Kulisse – dem Theaterbesucher helfen, die Geschichte leichter zu verstehen. Eine gute Übung hat aussagekräftige Bühnenbilder und -utensilien. Mit ihnen sollen wortlos die verschiedenen Lagen und vor allem Lageveränderungen dargestellt werden. Die Beübten (Übungsteilnehmer aus Kader und Mannschaft) sollen selbständig die Darstellungen analysieren und richtig darauf reagieren. Die verschiedenen Lagen respektive Lageveränderungen und Entwicklungen können auf verschiedene Arten dargestellt werden:

Schilderungen »durch externe Person«

Die Lage oder die Veränderung wird von einer nicht an der Übung teilnehmenden Person den Einsatzkräften mitgeteilt oder geschildert. Dies kann mündlich vor Ort oder mittels Telefons an Kader- oder Mannschaftsangehörige geschehen.

- **Beispiele**
  Eine Anwohnerin schildert ihre Beobachtungen oder ein Radfahrer meldet seine Vermutungen.
- **Vorteile**
  Die Beübten müssen den Wahrheitsgehalt überprüfen. Dies verleiht der Übung zusätzlich einen dynamischen Anstrich.

Schilderungen »durch interne Person«

Unspektakulär und einfach ist die Lagedarstellung, wenn diese von einem Formationsangehörigen gemacht wird. Er schildert die veränderte Lage.

- **Beispiel**
  Ein Übungsgehilfe (z. B.: Kaderangehöriger/Führungskraft) meldet ein neues Vorkommnis oder erläutert die veränderte Lage.
- **Vorteile**
  Auf Fragen der Beübten können diese Personenkreise fachlich korrekte Auskünfte erteilen. Die Darsteller sind für die Übungsleitung einfach zu instruieren.

Bilder

Den Übungsteilnehmern wird ein Bild gezeigt, welches das Ausmaß des Schadens darstellt und einen Vergleich zur Normalsituation erlaubt.

- **Beispiele**
  Die Darstellung des Pegelstandes einer überfluteten Unterführung oder das Aufzeigen des Ausmaßes einer Straßenverschüttung…
- **Vorteile**
  Wenn die Fotos an den reellen Standorten gemacht wurden, wirkt dies motivierend auf die Teilnehmer. Zusätzlich können die Teilnehmer Auswirkungen einschätzen, weil sie ortskundig sind.

Bild 47 und 48: ***Mithilfe eines bearbeiteten Fotos kann ein ansteigender Wasserstand an einem verstopften Wehr oder einer überfluteten Unterführung verdeutlicht werden. (Fotos: Josef Amacker)***

Video-Clips

Mittels kurzen Video-Clips lassen sich sehr realitätsnahe Lagen aufzeigen. Die Clips können mittels eines Taschenbeamers an eine Hauswand projiziert oder mit dem Handy gezeigt werden.

- **Beispiele**
  Hochwasser (vorhandene Clips von früheren Ereignissen), Rutsch, Brand, Evakuierungen…
- **Vorteile**
  - Kann an mehreren Einsatzorten gezeigt werden.
  - Die Lageveränderung kann aufgezeigt werden.

Visualisierung im Gelände

Mit einfachen Mitteln soll vor Ort die jeweilige Lage dargestellt werden. Dies kann zum Beispiel mit Gegenständen, die man am jeweiligen Ort findet, geschehen, oder mittels Straßenkreiden auf eine asphaltierte Straße gemalt werden.

- **Beispiele**
  Angabe eines Standortes eines Schadenereignisses oder Angabe der Ausweitung eines Schadenereignisses…
- **Vorteile**
  - Bessere Verständlichkeit für den Empfänger, wenn das Schadenereignis vor ihm entwickelt und aufgezeigt wird.
  - Erfordert nur minimale Vorbereitungen.

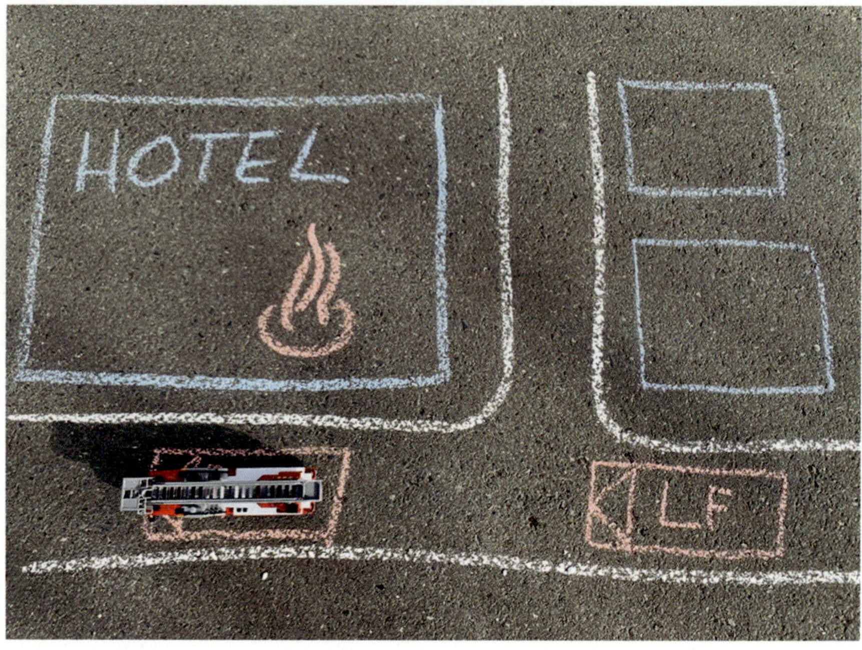

Bild 49: ***Mithilfe einfacher Straßenmalkreide kann eine schnelle Visualisierung während einer laufenden Übung für die Teilnehmer erfolgen, Spielzeug-Einsatzfahrzeuge bieten zudem Darstellungsvarianten.***

Geländemodell

Mit Sand kann die Topografie des Übungsgeländes in groben Zügen modelliert und mit verschiedenen Farbsprays können Wälder, Fluren und Wiesen sehr rasch dargestellt werden. Zur Markierung von Gewässern, Straßen und Bahnlinien werden farbige Reepschnüre aufs Modell gelegt. Gebäude können einfach mit Steinen oder Holzstücken dargestellt werden.

- **Beispiele**
  Wald- Flächenbrand, Hangrutsch, Verschüttung von Verkehrsachsen, Hochwasser…
- **Vorteile**
  - Kann rasch dargestellt werden.
  - Die Dynamik eines Ereignisses kann durch Besprayen einfach aufgezeigt werden.

Bild 50: ***Mithilfe von Sand, Tannengrün, Sprühkreide und Wasser können sogar Gefahren in Hang- und Vegetationslagen simuliert werden. (Foto: Josef Amacker)***

Übungsdarsteller

Darsteller spielen eine realitätsnahe Szene nach. Ihr Verhalten muss vor der eigentlichen Übung einstudiert werden. Die Darsteller sollen szenariengetreu gekleidet sein.

- **Beispiele**
  verwundete, verwirrte, zu evakuierende und vermisste Personen etc.
- **Vorteile**
  Die Übungsdarsteller können das darzustellende Problem leicht vereinfachen oder erschweren, je nach Übungsziel.

Bild 51 und 52: ***Das Szenario lebt von gut auf ihre Rolle vorbereiteten Darstellern. Diese sollten zudem realistisch geschminkt werden. (Fotos: Kai Zaengel)***

Pyrotechnik

Mit verschiedenen pyrotechnischen Effekten können zum gewünschten Zeitpunkt und am gewünschten Ort wirklichkeitsnahe Lagen dargestellt werden.

Bilder 53 und 54: ***Mithilfe von Pyrotechnik und Feuer können realistische Einsatzszenarien für Übungsteilnehmer gestaltet werden. (Bild 53: Oliver Taubmann, Bild 54: Kai Zaegnel)***

- **Beispiele**
  - Raucharten, die sich nach Rauchintensität, Farbmuster, Zeitpunkt und Dauer der Darstellung unterscheiden,
  - Darstellung von Explosionen,
  - Darstellung von Licht- und Knalleffekten,

  - Darstellung von verschiedenen Chemikalien (Chemieereignisse inkl. Fahrzeugbrände),
  - Erzeugung von Stress bei Einsatzkräften,
  - Branddarstellungen z. B. mittels Brandpasten,
  - Darstellung von Elektrokurzschlüssen.
- **Vorteile**
  - Kann realistisch und interessant umgesetzt werden.
  - Effekte können von der Übungsleitung zum gewollten Zeitpunkt ausgelöst werden.

Alle fünf Sinne ansprechen

Sehr oft vergessen wir, dass wir für das Bemerken einer Lageveränderung auch noch andere Sinne als die Augen besitzen. So kann, ohne dass ein Übungsgehilfe etwas sagt, eine Entwicklung des Ereignisses aufgezeigt werden. Wenn ich plötzlich Erdgas rieche, klingeln bei einem Feuerwehrangehörigen alle Alarmglocken. Ebenso schnell und emotional reagiert der Einsatzleiter, wenn er ein Kind weinen hört, unterbrochen durch jammerndes Hundegebell.

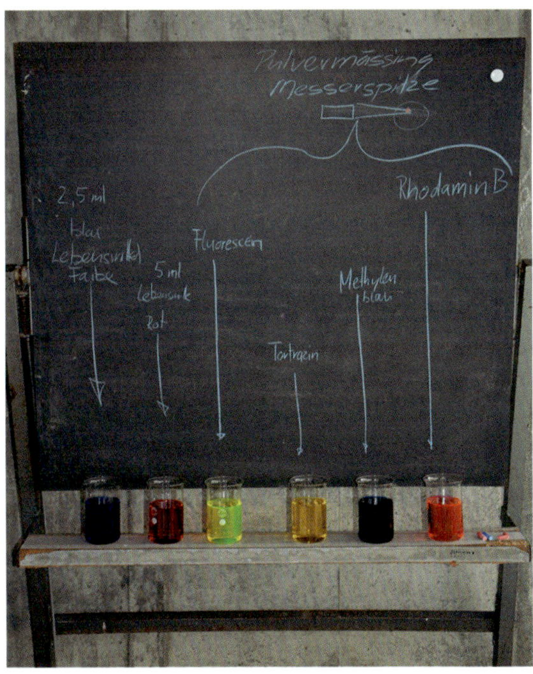

Bild 55: ***Austretende Chemikalien können mithilfe von ungefährlichen Farbstoffen nachgestellt werden. (Foto: Josef Amacker)***

- **Beispiele**
  - verschiedenfarbige auslaufend Chemikalien,
  - Simulation eines Gasaustrittes mittels Gasduftstoffen (Odoriermittel),
  - Ertönen von herzzerreißendem Kinderweinen,
  - tiefes Hundegebell eines in die Enge getriebenen Hundes etc.
- **Vorteile**
  - Die Reaktionen der Beübten können aufgezeigt werden.
  - Unter den Beübten kann mit einfachen Mitteln enormer Stress erzeugt werden.

Modell/Skizze

Für die Schilderung von Schadenlagen oder Ausgangslagen von weiträumigen Ereignissen eigenen sich Modelle und Skizzen. Mit einer Skizzierung der Topografie – inklusive der Angaben von markanten Anhaltspunkten – sind allen Beteiligten die Interventionsorte klar. Es muss nur noch markiert werden, welche Ereignisse an den definierten Orten ablaufen sollen.

Bild 56: ***Mithilfe von einfachen Skizzen können beispielsweise Topografien visualisiert werden. (Foto: Josef Amacker)***

- **Vorteile**
  - gibt einen bildhaften Überblick über einen größeren Schadenraum,
  - Veränderungen können dynamisch aufgezeigt werden,
  - einfach zum Aufzeigen und Nachvollziehen.

Simulation per App (z. B.: Sims-U-Share)
Eigene Fotos vom beübten Schadenraum werden sequenzweise auf dem Handy oder Tablet animiert. So können beispielsweise Explosionen, verschiedene Feuerarten und Rauchentwicklungen zu einem selbst definierten Zeitpunkt auf das Foto projiziert werden (vgl. Kapitel 4.2.2). Neben Effekten können Personen an den gewünschten Orten auf dem Bild erscheinen. Zusätzlich zu den visuellen Effekten sind verschiedene akustische Untermalungen wie Knalleffekte oder Hilferufe in der Bildbearbeitung möglich.

- **Beispiele**
  Das Ausmaß eines Chemieereignisses kann animiert dargestellt werden. Bei der Entwicklung eines Hausbrandes erscheinen nach unterschiedlichen Prioritäten zu rettende Personen.
- **Vorteile**
  - sehr realitätsnah und motivierend für die Beübten,
  - kann beliebig oft wiederholt werden.

Bild 57: ***Mithilfe einer AR-App, wie z. B. Sims-U-Share können schnell und einfach Bilder in realistische Einsatzszenarien zur Visualisierung für die Übungsteilnehmer verwandelt werden. (Foto: Jörg Thöne)***

6.3 Einweisung der übenden Einsatzkräfte

Die Einsatzkräfte sollten grundsätzlich eine Einweisung in die Lage erhalten, bevor die Übung beginnt. Sicherheitshinweise und allgemeine Übungshinweise sind in dieser Besprechung bekannt zu geben: Einweisung der Kräfte, Einweisung in die Lage. Im Rahmen der Einweisung wird auch der Ort, an dem sich alle Übungsteilnehmer nach dem Übungsende zur Schlussbesprechung sammeln, bekannt gegeben (vgl. auch Kapitel 7.1).

Bild 58: ***Vor einer Einsatzübung wird der Einsatzleiter (links) durch den Übungskommandanten (rechts) in die Lage eingewiesen. (Foto: Timo Jann)***

Bild 59: ***Der Übungs-Einsatzleiter weist, nachdem dieser Kenntnis über die Übungslage hat, seine Mannschaft in das Szenario ein. (Foto: Timo Jann)***

6

6.4 Kommunikationsstruktur bei Einsatzübungen

Martin Trang

Die Kommunikation ist bei Einsätzen und Übungen ein unverzichtbares Element für den Einsatz- bzw. Übungserfolg und für die Sicherheit aller Beteiligten. Kommunikation ist daher grundsätzlich ein fester Bestandteil jeder Übung und sollte immer in genau den Strukturen erfolgen, die auch für Einsätze vorgeplant sind und gelten. Probleme hieraus können sich an den jeweiligen Schnittstellen zum Realbetrieb, z. B. bei gleichzeitig zur Übung laufenden Paralleleinsätzen anderer Einheiten, ergeben. Dies ist im Rahmen der Vorbereitung zu berücksichtigen und hierfür ggf. eine Exit-Strategie mit den zugehörigen Meldewegen zu entwickeln.

Zusätzlich ist immer auch für den separaten Bereich der Übungsleitung und der Übungssteuerung eine Kommunikationsstruktur zu planen und umzusetzen. Je nach Komplexität der Übung kann es erforderlich werden, auch hier mehrere Ebenen vorzusehen. Die für Einsätze festgelegten Strukturen in der Kommunikation müssen sich selbstverständlich in einer Einsatzübung wiederfinden. Bild 60 zeigt beispielhaft eine klassische Einsatzorganisation von Feuerwehr oder Rettungsdienst mit ihren Kommunikationsbeziehungen.

Merke:

Es gilt der Grundsatz: Bei Übungen werden dieselben Strukturen und Verfahren wie im Einsatz verwendet.

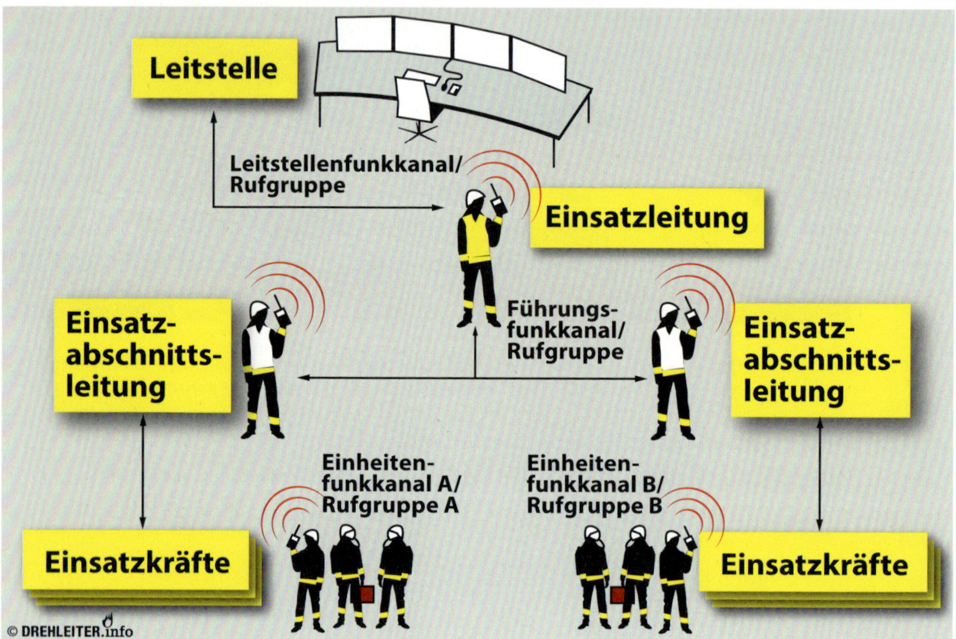

Bild 60: ***Klassische Kommunikationswege im Einsatz***

Es ist grundsätzlich empfehlenswert einen übersichtlichen Kommunikationsplan zu erstellen, auf dem alle Abweichungen zur Realität grafisch dargestellt sind, und der durch die Teilnehmer schnell zu erfassen ist. Den Übungsteilnehmern sollte vor Beginn die Möglichkeit gegeben werden, ihre Endgeräte entsprechend einzustellen (Rufnummern von virtuellen Gegenstellen einspeichern, Umschalten von Funkgeräten).

Mit der Einführung und Nutzung von digitalen Datenübertragungsverfahren (z. B. Statusübertragung) in der Einsatzkommunikation haben sich neue Möglichkeiten und Vereinfachungen im Nachrichtenverkehr ergeben. Dies hat allerdings zur Folge, dass alle diese Verfahren beim Abweichen von den Standardkommunikationswegen und -gegenstellen entsprechend angepasst werden müssen. Je nach Verfahren ist dies nur bedingt möglich. So können Statusmeldungen nicht ohne Weiteres zu einer anderen Gegenstelle als der regulären Leitstelle geleitet werden. Eine nicht abgestimmte übungsmäßige Statusübertragung kann in der Leitstelle zu Fehlermeldungen und Störungen im Echtbetrieb führen.

Grundsätzlich sollte daher die Beteiligung der Leitstelle erwogen werden. Dies kann beispielweise durch das Anlegen eines Übungseinsatzes im Einsatzleitrechner erfolgen. Ist dies nicht geplant, muss auf die Nutzung des Übertragungsverfahrens verzichtet werden. Ersatzweise können z. B. Statusmeldungen »verbal« an die Übungsgegenstelle abgesetzt werden.

6.4.1 Einsatzübung für eine Einheit

Der vorgenannte Grundsatz, immer die Strukturen und Verfahren der Realität zu verwenden, ist oftmals mit erheblichem Aufwand verbunden. Je nach Zielgruppe, Übungsumfang und Lernziel kann es daher sinnvoll sein, bestimmte Randbereiche der gegebenen Kommunikationsstrukturen nicht zu beüben, alternative Infrastrukturen zu benutzen oder virtuelle, d. h. dargestellte Gegenstellen einzurichten. Diese Möglichkeiten bieten sich an, um den Vorbereitungsaufwand nicht unverhältnismäßig in die Höhe zu treiben. Einfach ist dies umsetzbar bei Übungen mit einer überschaubar kleinen Anzahl von übenden Einheiten, bei denen die Kommunikation mit Dritten (z. B. Leitstelle) nur einen sehr kleinen Anteil im Verhältnis zur Gesamtübung ausmacht. Wichtig ist in diesen Fällen, dass alle Übungsteilnehmer vor Übungsbeginn über diese Abweichungen zur Realität informiert sind.

Beispiel:

Übung innerhalb einer taktischen Einheit (Gruppe) mit vorheriger Einweisung aller Teilnehmenden

- Alarmierung und Statusmeldungen zur Leitstelle können ggf. entfallen.
- Status- und Lagemeldungen werden z. B. an eine Übungsleitstelle bzw. den Übungsleiter (ggf. auf einem Übungsfunkkanal) abgesetzt.
- Die Kommunikation innerhalb der übenden Einheit(en) findet, wie in der Realität, auf den vorgeplanten Einsatzkanälen statt.

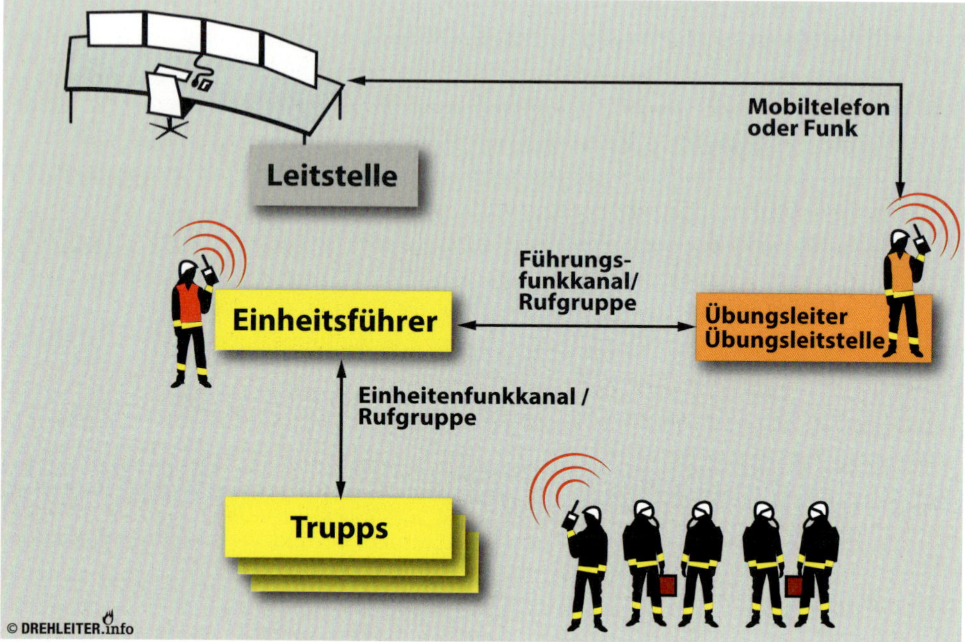

Bild 61: ***Beispiel für eine Übung ohne Leitstelle***

Im genannten Beispiel übernimmt ein Übungsleiter die Rolle der Leitstelle. Alle Meldungen, die die übende Einheit (hier in der Regel nur der Gruppenführer) an die Leitstelle abgibt, werden von ihm entgegengenommen. Diese Variante erfordert einen separaten Übungsfunkkanal und ein Funkgerät beim Übungsleiter, um Missverständnisse mit der realen Leitstelle auszuschließen. Für die Übungsplanung und -steuerung ergeben sich in diesen Fällen folgende Aufgaben:

- Sicherstellung der Kommunikation mit der Leitstelle über Mobiltelefon oder Funk für ggf. eintretende Realeinsätze oder Notfälle.
- Anforderung und Nutzung eines Reserve-Funkkanals bzw. einer Reserve-Rufgruppe für die Übungsleitstelle.
- Mithören des Funkverkehrs der übenden Einheiten zum frühzeitigen Erkennen und Intervenieren bei Fehlentwicklungen oder möglichen Unfällen.
- Bereitstellung der zusätzlich erforderlichen Kommunikationsgeräte für die Übungsleitung.

6.4.2 Einsatzübung für mehrere Einheiten derselben Organisation

Auch bei Übungen mit mehreren Einheiten kann auf Teilbereiche verzichtet werden oder bestimmte Gegenstellen der Realität durch die Übungsleitung ersetzt werden. Dies gilt auch für die Nutzung von zur Standardorganisation abweichenden Funkkanälen bzw. Rufgruppen. Aufgrund der größeren Anzahl der Übenden empfiehlt es sich, hierzu im Vorhinein einen Kommunikationsplan zu erstellen und diesen den Teilnehmern vor Übungsbeginn auszuhändigen und zu erläutern. Dieser Plan muss die Abweichungen zum Standard und zur Realität hervorheben. Die Grundstruktur und die Kommunikationsbeziehungen unter den Einheiten und Einrichtungen sollten jedoch im Vergleich zum Standard möglichst nicht verändert werden.

Für eine unangekündigte Übung unter Alarmbedingungen sind durch die Übenden die Standard-Kommunikationswege und -strukturen zu nutzen. Hier führen Abweichungen zu den allgemein bekannten Verfahrensweisen im Regelfall zu Informationsverlusten und können im schlechtesten Fall den Übungsverlauf massiv stören. Für die Übungsvorbereitung und Planung ergeben sich hierbei je nach Art verschiedene Aufgaben:

- **Allgemein:**
  - Sicherstellung der Kommunikation zwischen Übungsleitung und Leitstelle über Mobiltelefon oder Funk für ggf. eintretende Realeinsätze oder Notfälle.
  - Mithören des Funkverkehrs der übenden Einheiten zum frühzeitigen Erkennen und Intervenieren bei Fehlentwicklungen oder möglichen Unfällen.
  - Bereitstellung der zusätzlich erforderlichen Kommunikationsgeräte für die Übungsleitung und -steuerung.
  - Information von potenziell durch die Übung betroffenen anderen Einheiten oder Einrichtungen (Polizei, ÖPNV etc.).
- **Angekündigte Übung:**
  - Vorbereitung eines Kommunikationsplanes, Erläuterung und Ausgabe an die Übungsteilnehmer.
  - Anforderung und Nutzung der benötigten Reserve-Funkkanäle bzw. Reserve-Rufgruppen gemäß Kommunikationsplan.
  - Einrichtung von ggf. geplanten Übungsgegenstellen (Übungsleitstelle etc.).

- **Unangekündigte Alarmübung:**
  - Frühzeitige Einbindung der zuständigen Leitstelle und Festlegung der Alarmierung und der Alarm- und Ausrückordnung (AAO).
  - Festlegung des Umgangs der Leitstelle mit Lagemeldungen, Nachforderungen etc.
  - Festlegung von Meldewegen und Verfahren für Unfälle im Übungsverlauf und für Realeinsätze.

6.4.3 Einsatzübung mit Einheiten der eigenen Einheit und anderen Organisationen

Für die Einbindung anderer Organisationen in eine Einsatzübung gelten im Wesentlichen die gleichen Vorgaben wie im vorherigen Kapitel. Da es bei gemeinsamen Übungen mit anderen Organisationen oftmals schon ein elementares Übungsziel ist, die Kommunikation mit diesen zu üben, ist hierauf in der Vorbereitung besonderes Augenmerk zu richten. Auch hier gilt der Grundsatz, dass in den gleichen Strukturen und Beziehungen geübt werden muss, wie in der Realität.

6.4.4 Führungskräftetraining

Schwerpunkt bei Übungen für Führungskräfte sind die Entscheidungs- und Kommunikationsprozesse auf Führungsebene. Für Übungen mit dieser Zielgruppe werden daher in der Regel alle Funktionen der Umwelt (Leitstelle, Dritte, andere Behörden und Organisationen, Einsatzkräfte bzw. Mannschaften) durch die Übungsleitung dargestellt. Oftmals erfolgen diese Übungen anhand eines Planspiels oder mithilfe von Simulation. Die Kommunikationsbeziehungen und -medien sollten auch hier denen der Realität entsprechen. Eine Nutzung von Reserve-Ressourcen ist hierbei sinnvoll, um die Kommunikationswege des Realbetriebs zu schonen. Letztendlich ist jedem Übungsteilnehmer klar, dass er sich in einer »Übungswelt« befindet und hier auch bei der Nutzung der Kommunikationsmittel ein gewisses Abstraktionsvermögen erforderlich ist.

Bild 62 zeigt beispielhaft die Kommunikationsbeziehungen einer Planübung. Der eigentliche Übungsumfang ist auf die Organisationseinheiten Einsatzleitung und Einsatzabschnittsleitungen beschränkt. Alle externen Gegenstellen, wie Einsatzkräfte und Leitstelle, werden virtuell durch die Übungsleitung dargestellt und sind über vordefinierte Medien erreichbar. Hierbei können auch weitere externe Gegenstellen wie z. B. Polizei, andere Behörden etc. virtuell eingerichtet werden, die dann über ggf. weitere Kommunikationswege (z. B. Telefon) erschlossen werden müssen. Bei einer Übung an der Planspielplatte ist es je nach gewähltem Lernschwerpunkt auch möglich, das technische Kommunikationsmedium zwischen den Übenden (Führungsfunkkanal) entfallen zu lassen, und hier das direkte Gespräch zu verwenden. In der praktischen Umsetzung entsteht bei mehreren Funkgeräten des gleichen Funkkanals auf engem Raum oftmals das Problem, dass es zu akustischen Rückkopplungen kommt. Abhilfe können Ohrhörer oder Headsets als Audiozubehör am Funkgerät schaffen.

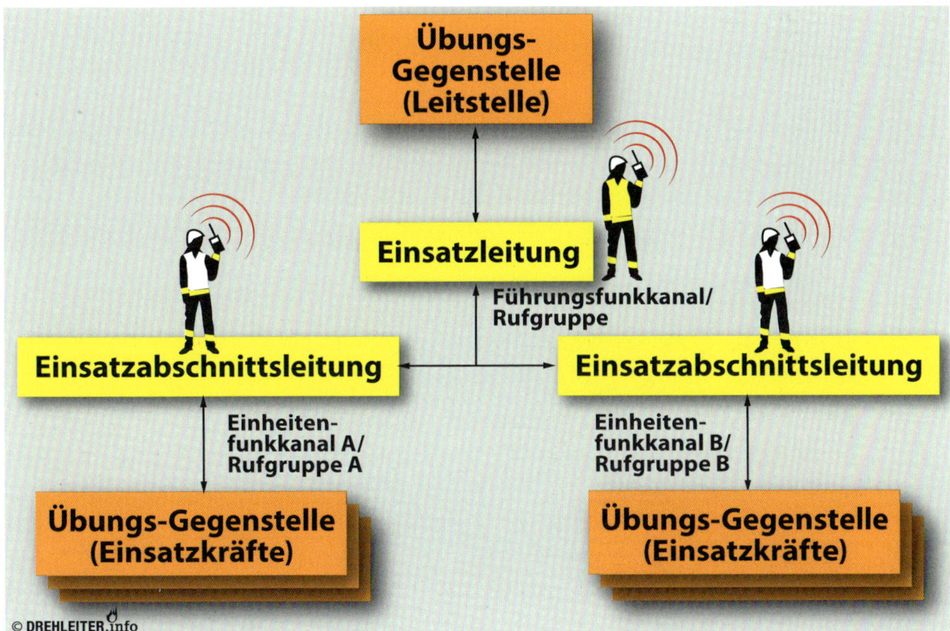

Bild 62: ***Vereinfachte Planspielkommunikation***

6.5 Übungsbeginn (Alarmierung)

Die Übung beginnt mit der Alarmierung der Kräfte. Die Alarmierung sollte grundsätzlich auf den üblichen und den Kräften bekannten Meldewegen durchgeführt werden. Stehen die Kräfte an einem Sammelplatz in Bereitstellung, sollte die Alarmierung über Funk erfolgen. Vor der Alarmierung der Kräfte ist die Einsatzbereitschaft der Übungsleitung, Schiedsrichter und Darsteller abzufragen und zu überprüfen. Erst wenn alle Beteiligten bereit sind, wird die Alarmierung ausgelöst. Weiterhin ist die Umsetzung der Alarmierung von der Übungsleitung zu überwachen. Es sollte geprüft werden, ob eine Redundanz für die Alarmierung notwendig ist.

6.6 Anfahrt

Sonder- und Wegerechtsfahrten sind immer mit einem erheblichen Unfall- und Haftungsrisiko verbunden und daher in der Gesamtabwägung äußerst kritisch zu bewerten. Die Übungsleitung sollte in Absprache mit der Leitung der Organisation im Rahmen der Übungsplanung die Frage klären, ob eine Anfahrt mit oder ohne Sonder-

Bild 63: ***Anfahrt in Kolonne mit Sondersignal zu einer Einsatzübung (Foto: Timo Jann)***

und Wegerecht durchgeführt werden soll. Weiterhin sind landesrechtliche und organisationsinterne Regelungen zu beachten und alle erforderlichen Maßnahmen für eine sichere Anfahrt zu treffen. Insbesondere wenn die Durchführung von Maßnahmen an einem Objekt im Mittelpunkt des Übungsziels stehen und die Anfahrt zum Übungsort keine relevante Bedeutung für die Erfüllung des Übungsziels hat, sollte von einer Anfahrt mit Sonder- und Wegerecht abgesehen werden.

Übungs-Einsatzfahrten mit Sonder- und Wegerechten:

Die Durchführung von Übungs-Einsatzfahrten mit Sonder- und Wegerechten gemäß der Straßenverkehrsordnung sollte nur nach Abstimmung mit dem Träger der Feuerwehr, des Rettungs- oder Hilfsdienstes und der zuständigen Straßenverkehrsbehörde erfolgen. Dabei sollten insbesondere Unfall- und Haftungsgründe kritisch abgewogen werden. Weitere Informationen können dem vfdb-Merkblatt 06/05 »Fahrertraining für Einsatzkräfte Stand: Mai 2017« entnommen werden.

6.7 Übungsunterbrechung oder Übungsabbruch

Bei jeder Übung muss mit einem Zwischenfall gerechnet werden, der die Unterbrechung der Übung erfordert.

Kriterien für den Abbruch von Übungen können sein:

- Unfall,
- Übungsteilnehmer wird verletzt/getötet.

Kriterien für die Unterbrechung der Übungen mit anschließender Fortsetzung können sein:

- Beinaheunfälle,
- Beschädigung von Gebäuden, Bauteilen ist zu erwarten,
- Schäden an Einsatzmittel sind durch die Maßnahmen zu erwarten.

Kriterien durch »Übungsmissverständnis«:

- Übungsauftrag wird nicht erkannt, nicht beachtet,
- Übung entwickelt sich in die falsche Richtung.

Hierbei kann durch den Übungskommandanten ein kompletter Übungsabbruch, oder eine Übungsunterbrechung mit einer Neueinweisung der Übungsteilnehmer entschieden werden.

Merke:

Ein »Laufen lassen« einer sich falsch entwickelnden Übung kann auf das Ziel – der Verbesserung der Einsatzfähigkeit einer Einheit – kontraproduktiv wirken.

6.8 Übung wird zum Realeinsatz

Jede Übung kann zu einem Realeinsatz werden. Verletzungen von Teilnehmern, mangelhafte Planung und Vorbereitung, Brandausbreitung oder ein wirklicher Einsturz können beispielhaft genannt werden. Für die Übermittlung von Realmeldungen bei unvorhergesehenen Ereignissen sollte vorher ein entsprechendes Kennwort vereinbart werden, um Missverständnisse auszuschließen. Hierzu bietet es sich zum Beispiel an, in den verbalen Funkanruf das Wort »Realmeldung« einzubauen.

6.9 Übungssteuerung

Der Übungsleitung mit dem Übungskommandanten als Verantwortlichem obliegt die Steuerung der gesamten Übung. Im Rahmen der Planung wurde ein Konzept mit einem Drehbuch, das einem detaillierten Zeitablauf gleichkommt, erstellt. Dieses Drehbuch läuft Punkt für Punkt ab, Kontrollpunkte werden erreicht oder nicht erreicht. Sollte festgestellt werden, dass sich die Übung in eine falsche Richtung entwickelt als vorgeplant, kann mithilfe von Einspielungen eine Richtungsänderung bewirkt werden. Einspielungen können zum Beispiel Personen sein, die dem Einsatzleiter in der Übung einen Hinweis geben. Einspielungen können auch Effekte sein, wie z. B. ein zündender Rauchtopf. Sollte sich eine Übung völlig am Drehbuch vorbei entwickeln, muss über eine Übungsunterbrechung mit Neueinweisung der Einsatzkräfte nachgedacht werden.

Zur Steuerung und Begleitung der Übung bedarf es immer auch der Kommunikation unter den Personen, die die Übung ausgearbeitet haben und begleiten. Diese Kommunikation darf den Funkverkehr der Übenden nicht beeinträchtigen. Hierzu muss bereits in der Planungsphase eine dem Organisationsplan der Übungsleitung entsprechende parallele Kommunikationsstruktur vorbereitet werden. Diese richtet sich nach den gleichen Grundsätzen wie bei der Einsatzplanung. Berücksichtigen Sie auch für die eigene Kommunikation eine ausreichende Anzahl an Endgeräten und Ressourcen und überprüfen Sie bereits bei der Vorbereitung, ob die Netzabdeckung bzw. Reichweite auch an allen möglichen Aufenthaltsorten der Übungsleiter und -assistenten ausreicht.

6.10 Dokumentation der Übung

Jede Übung sollte mithilfe von schriftlichen Aufzeichnungen durch die Schiedsrichter (vgl. Kapitel 5.6) bzw. durch Assistenzpersonal dokumentiert werden.

6.10.1 Aufzeichnungen

Schriftliche Aufzeichnungen können im Nachgang dazu genutzt werden, um

- das Erreichen/Nichterreichen der Übungsziele und
- Abweichungen vom Drehbuch

festzustellen und um nachfolgend hieraus die erreichte Verbesserung für die Einheit oder Organisation ableiten zu können.

Bild 64: ***Mitglieder von Doku-Teams sollten für alle Übungsteilnehmer erkennbar sein. (Foto: Timo Drux)***

Mit einer Dokumentation ist die Übungsleitung in der Lage, einzelnen Teilnehmern, Einheiten oder ganzen Organisationen im Rahmen der Nachbereitung ein sinnvolles Feedback zu geben. Die schriftlichen Dokumentationen sollten sinnvollerweise durch Bilder oder Videosequenzen verdeutlicht werden, denn ein Bild sagt oft mehr als

1.000 Worte. Fehlerquellen und Best-Practice können so anschaulich festgehalten werden.

Im Rahmen der Auswertung von Übungen können Mitschnitte des Funkverkehrs hilfreich sein. Da jedoch auch Funkgespräche dem Fernmeldegeheimnis unterliegen, gibt es je nach Landesrecht sehr unterschiedliche technische und strenge rechtliche Vorgaben und Befugnisse diesbezüglich. Bereits vor der Übung sollten zudem alle Teilnehmer auf von der Übungsleitung durchgeführte Bild- und Videoaufzeichnungen zum Zweck der späteren Auswertung hingewiesen werden. Eine entsprechende, schriftliche Einwilligung der Teilnehmer ist vor einer Übung einzuholen.

Merke:

Bevor Bild- und Videoaufzeichnungen zum Zweck der späteren Auswertung von einer Übung angefertigt werden, muss die Einwilligung der Beteiligten eingeholt werden.

6.10.2 Zeiterfassung

Um die Abläufe und Prozesse im Nachgang der Übung zu analysieren, müssen unterschiedliche Zeiten im Verlauf ermittelt werden.

Die Übungsleitung sollte sich im Vorfeld daher folgende Fragen stellen:

- Welche Übungsziele sollen wann erreicht werden?
- Welche Mess- und Kontrollpunkte müssen festgelegt werden?
- Wie viele Stoppuhren müssen für Zeitmessung bereitgestellt werden?
- In welchem Zeitabschnitt soll die Zeitmessung stattfinden?
- Welche Teilzeiten sind relevant?
- Welche Arbeitsschritte müssen vorausgeplant werden?
- Welche Vorgänge sollen zeitlich gemessen und erfasst werden? Liegt eine geplante Zeitdauer für die Vorgänge vor?

6.11 Übungsende

Der Übungskommandant bestimmt, wann die Übung beendet wird. Dies kann der Fall sein, wenn alle vorab geplanten Übungsziele erreicht worden sind. Das Übungsende wird für alle Teilnehmer klar verständlich über zuvor festgelegte Kommunikationswege als Kommando »Übungsende! Übungsende! Übungsende!« bekannt gegeben.

Nach dem Übungsende sammeln sich alle Übungsteilnehmer an einem zuvor bekannt gegebenen Ort, um eine Schlussbesprechung der Übung durchführen zu können. Ein Übungsabbruch ist kein Übungsende im gedachten Sinn, da die geplanten Übungsziele hierbei nicht erreicht wurden. Kontrollieren Sie nach der Übung zudem, ob alle Kommunikationsmittel von den Teilnehmern wieder auf ihre ursprünglichen Einstellungen für den Realeinsatz zurückgesetzt worden sind.

Bild 65: ***Direkt nach dem Übungsende sollte kurz abgefragt werden, ob sich jemand verletzt hat, ob alle wohlauf sind. Danach wird die Schlussbesprechung vorbereitet. (Foto: Timo Jann)***

7 Evaluation

Die Evaluation umfasst die Schlussbesprechung einer Übung direkt am Übungsort und die Übungsnachbereitung nach Auswertung aller Aufzeichnungen und Unterlagen der Übung. Dabei sollten die vier Eigenschaften Nützlichkeit, Durchführbarkeit, Fairness und Genauigkeit berücksichtigt werden.

7.1 Schlussbesprechung

Nach dem Ende der Einsatzübung organisiert der Übungskommandant eine Schlussbesprechung für die Übenden. Es ist die erste Auswertung direkt vor Ort und ersetzt nicht die umfangreichere Übungsnachbereitung.

Mit einer Schlussbesprechung erhalten die Übungsteilnehmer ein erstes Feedback und eine erste Einschätzung, ob die erwarteten Übungsziele erreicht wurden, oder nicht. Art und Umfang der Schlussbesprechung richtet sich nach der Übungsgröße und Anzahl der Teilnehmer. Bei der Ansprache an mehrere hundert Übende handelt es sich nicht um eine Schlussbesprechung, sondern mehr um eine Ansprache.

Sinnvoll ist es, die Schlussbesprechung durch die aufgaben- oder personenbezogenen Schiedsrichter durchführen zu lassen, weil diese auch die direkte Beobachtung/Bewertung durchgeführt haben (Zuteilung der Schiedsrichter siehe Kapitel 5.6). So sind planerisch bereits Kleingruppen für die Schlussbesprechung vorhanden. Eine qualifizierte Besprechung (siehe Kasten), in dem auch die Übenden das Wort haben, ist somit möglich.

Bei Einsatzübungen mit einer kleinen Gruppe an Einsatzkräften oder einer Einheit der eigenen Organisation kann die so genannte Hand-Regel eine strukturierte Übungsschlussbesprechung unterstützen. Der Übungskommandant kann mit den Fingern der Hand ein immer gleich strukturiertes Feedback dem oder den Übenden geben.

Grundsätzlich fängt eine strukturierte Schlussbesprechung positiv an und hört auch positiv auf. So erhält man, auch bei Nichterreichen der Übungsziele, die maximale Motivation, eine neue Übung zu starten. Und selbst in einer Übung, die richtig danebengegangen ist, lassen sich Elemente finden, die positiv bewertet und herausgestellt werden können.

Die Schlussbesprechung kann mit folgenden Fragen durch den Übungskommandanten und die Schiedsrichter moderiert werden:

- Was war das beabsichtigte Ergebnis/Übungsziel der Übung?
- Wer hat was wahrgenommen? Übende schildern den Einsatzablauf aus ihrer Sicht (Hinweis: Beginnen mit dem rangniedrigsten Übenden).
- Was war das aktuelle Ergebnis der Übung?
- Was wurde erreicht, auch wenn es nicht das Übungsziel gewesen ist?
- Welche Handlungen haben dazu geführt, das Übungsziel zu erreichen?
- Welche Handlungen haben verhindert, das Übungsziel zu erreichen?
- Übungskommandanten und Schiedsrichter melden eigene Beobachtungen zurück und geben Verbesserungshinweise.
- Zusammenfassung der Erkenntnisse aus der Übung: Was nehmen die Teilnehmer mit? Lösungsansätze geben.

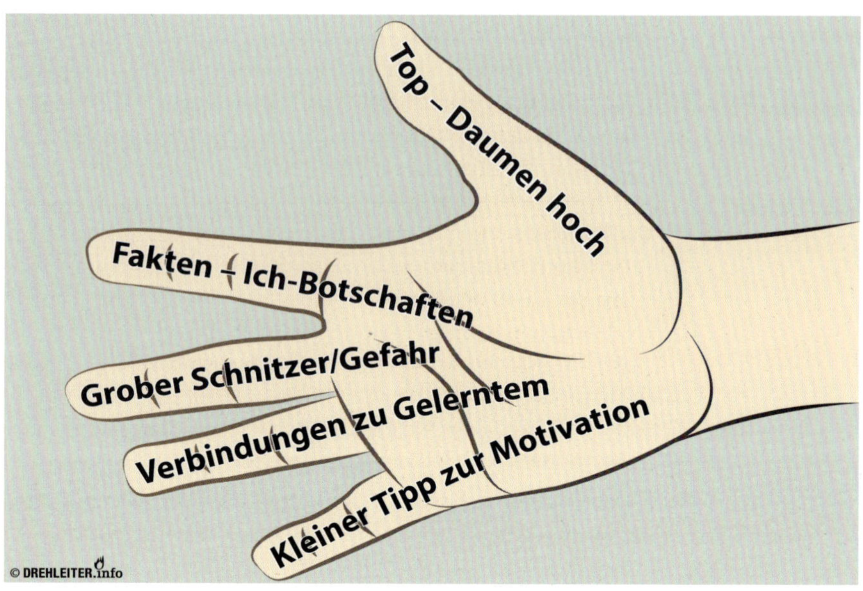

Bild: 66: *Die Hand-Regel*

Finger	Steht für ...	Inhalt
Daumen	Daumen hoch! Top!	Das Feedback möglichst mit positivem Inhalt beginnen: »Klasse fand ich ...«
Zeigefinger	Erstens, zweitens, drittens ...	Erreichen der Übungsziele sachlich aufzählen und erläutern. Ich-Botschaften senden: »Ich habe beobachtet.../Mir ist aufgefallen...«
Mittelfinger	»Stinkefinger«	Eine gefährliche Situation oder fachlich falsches Üben benennen. ACHTUNG: Der Ton macht die Musik.
Ringfinger	Finger mit Ehering	Verbindungen zu bereits zuvor geübten/gelernten Inhalten aufzeigen.
kleiner Finger	Das Beste zum Schluss	Den kleinen Tipp zur Motivation mitgeben.

7.2 Übungsnachbereitung

Jede Einsatzübung bringt Erkenntnisse für alle beteiligten Kräfte. Damit sich die Organisation bzw. Einheit verbessern kann, sollten die gewonnenen Erkenntnisse strukturiert werden. Für eine strukturierte Bearbeitung der Erkenntnisse können die einzelnen Punkte einem der folgenden drei Themenfelder zugeordnet werden:

1. Technische Maßnahmen (z. B. Beseitigung mangelhafter Technik, Verbesserung, Veränderung, Anpassung, Reduzierung der Ausrüstung),
2. Organisatorische Maßnahmen (z. B. Anpassung der Zusammensetzung der Einheiten und der Führungsorganisation, Einsatz zusätzlicher Funktionen [bspw. Sicherheitsassistent], Festlegung von Zuständigkeiten),
3. Persönliche Maßnahmen (z. B. Unterweisungen, Aus-, Fort- und Weiterbildung, Anpassung der persönlichen Ausrüstung).

Der evtl. erkannte Änderungsbedarf lässt sich entweder akut oder perspektivisch bearbeiten. Die zwei folgenden Fragen sollten nach Abschluss der Auswertung bearbeitet werden:

1. Akut: Was lässt sich jetzt, heute, sofort, umsetzen/ändern?
2. Perspektivisch: Was lässt sich mittel- und langfristig umsetzen/ändern?

8 Einsatzübungen mit Drohnen

Franz Petter

Quadrocopter, auch Drohnen genannt, werden bei Feuerwehren, Rettungsdiensten und Hilfsorganisationen beispielsweise für Erkundungsaufgaben oder in Bereichen, in denen der Einsatz für Menschen zu gefährlich ist, eingesetzt. Gefahrenerkundung bei Flächenlagen nach Unwettern durch das THW, Personensuche auf Gewässern durch die DLRG oder Visualisierung einer Brandausbreitung durch die Feuerwehr bei ausgedehnten Bränden wären beispielhafte Einsatzanwendungen für Drohnen. Diese Technik muss in bestehende Einsatzkonzepte implementiert und die Anwendung danach im Rahmen von Einsatzübungen trainiert werden.

Zusätzlich zur eigentlichen Verwendung im Einsatz, eignen sich Drohnen auch zur Bild- und Video-Dokumentation von Einsatzübungen. Auch die Nutzung als Werkzeug für die Dokumentation sollte geübt werden. Bei einer Einsatzübung mit einer Drohne übernimmt der Übungskommandant die Verantwortung für den Drohnenflug. Er sollte daher darauf achten, keinen ihm unbekannten Drohnensteuerer einzusetzen. Abhängig vom Typ und von der Größe – hier ist Gewicht der Drohne entscheidend – der verwendeten Drohne gibt es ein Risikopotenzial (z. B. den Absturz der Drohne), das vor der Übung abgewogen werden muss. Hinzu kommen umfangreiche rechtliche Regelungen, da sich die Drohne im Luftraum aufhält. Auch bei Übungen ist beispielsweise darauf zu achten, dass andere Luftfahrzeuge, z. B. Rettungshubschrauber durch den Drohnen-Flug nicht gefährdet werden.

Eine sinnvolle Zusammenstellung aller zu beachtenden Regeln sind in den »Empfehlungen für Gemeinsame Regelungen zum Einsatz von Drohnen im Bevölkerungsschutz« des Bundesamtes für Bevölkerungsschutz und Katastrophenvorsorge (BBK, 2019) zu finden.

Grundlegend für den Drohneneinsatz ist, dass Behörden und Organisationen mit Sicherheitsaufgaben (BOS) gemäß Paragraph 21(4) Luftverkehrs-Ordnung (LuftVO) von Beschränkungen befreit sind, sofern der Einsatz der Drohne zur Erfüllung ihrer Aufgaben dient. Hier ist es besonders wichtig zu erwähnen, dass auch die Einsatzvorbereitung – also die Einsatzübung – zu den BOS-Aufgaben zählt.

Bild 67: ***Rahmenbedingungen für den Einsatz von Drohnen***

8.1 Einsatzmöglichkeiten von Drohnen zur Aufgabenerfüllung der BOS

Je nach Bauart und Größe können Drohnen mit verschiedenen Kameras und Sensoren kombiniert werden, um den Einsatzzweck optimal zu erfüllen und gleichzeitig das Risiko eines Verlustes, bzw. einer Gefährdung durch Absturz und somit Gefährdung von Menschen möglichst gering zu halten. Auch Einsatzübungen gliedern sich, im Prinzip gleich wie ein Einsatz, in Planung, Durchführung und Evaluation. Grundsätzlich kann man bei Übungen immer auch die Möglichkeiten einer Drohnenunterstützung nutzen, entweder zur Dokumentation der Einsatzübung oder um die Drohnen als trainierende Einheit in die Übung einzubinden. Hier einige Fallbeispiele für Übungen mit einer Drohne:

Fallbeispiel 1:
Übung Gebäudebrand/Lagerhallenbrand – Drohneneinsatz unterstützt die Erkundung

Übungsplanung	Übung	Nachbereitung
Übersichtsbild/Zufahrten/ Abmessungen	Unterstützung Erkundung/ Wärmebild	Dokumentation für Nachbesprechung
Feuerwehrplan	Wasserwerfer – Zieloptimierung	Auswertung für Verbesserung der Einsatztaktik
	Indoor – Risikominimierung	

Übungsziele:

- Die Übungsplanung wird durch ein aktuelles Luftbild optimiert. Ein Abgleich mit dem Feuerwehrplan kann erfolgen.
- Während der Übung erhält der übende Einsatzleiter einen Überblick über die Lage. Mit der Wärmebildkamera wird von oben das Dach erkundet: Welche Teile der Halle sind bereits aufgeheizt? Eine Simulation im Gebäudeinneren kann ggf. durch ein Warmluftheizgerät erfolgen, um ein echtes Wärmebild zu erhalten.
- Der Einsatz von großen Wassermengen durch Wasserwerfer führt zu enormen Mengen kontaminierten Löschwassers, welches die Umwelt belastet. Durch die Drohne kann der Strahl des Wasserwerfers optimal an die Brandherde gelenkt werden. Wenn nur das »Dach gewaschen« wird,

ist der Wassereinsatz unwirksam. Eine Löschwasserrückhaltung kann dann daraufhin ausgerichtet werden und das Auffangen gezielter erfolgen.

- Ist der Hallenbrand (von außen) gelöscht, besteht immer noch Einsturzgefahr. Bevor Einsatzkräfte etwa zur Erkundung auf Glutnester die Halle betreten, ist eine Erkundung im Innern des Gebäudes ggf. mit einer Drohne zielführend. Hierzu eignen sich Mini-Drohnen mit weniger als 250 g Gewicht. Diese sind klein und wendig, dabei technisch mittlerweile ausgereift und mit einer hohen Reichweite ausgestattet.
- Die Drohne dokumentiert den Einsatzablauf (Fotos/Video). Diese Daten dienen dann anschließend zur Veranschaulichung in der Einsatznachbesprechung. Hierbei ist, wie bei jedem anderen erstellten Bildmaterial auch, besonders die Datenschutzgrundverordnung (DSGVO) zu beachten!

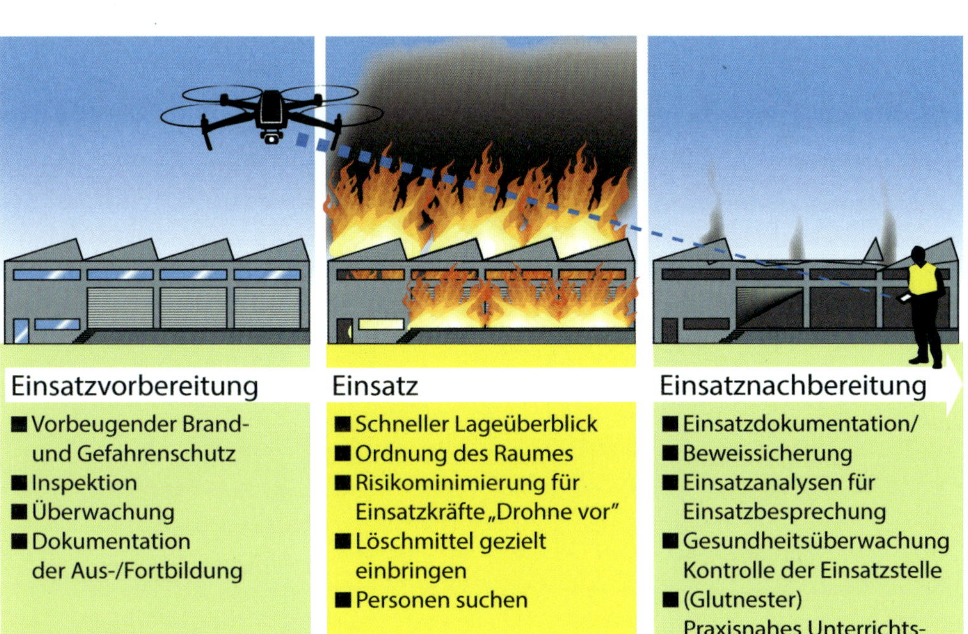

Bild 68: ***Drohnennutzung: Drohnen lassen sich vor, während und nach einem Brandereignis sinnvoll einsetzen.***

Fallbeispiel 2:
Übung Suche einer Person an einem Badesee

Übungsplanung	Übung	Nachbereitung
Übersichtsbild/Zufahrten/ Abmessungen	Suche mit Kamera/auch Wärmebildkamera	Dokumentation
Vergleiche z. B. mit Google Maps	Lagekarte erstellen – bereits abgesuchte Bereiche eintragen	Auswertung für Verbesserung der Einsatztaktik
	Taucheinsatz überwachen	
	Drohne mit Beschallung	
	Drohne mit Beleuchtung	

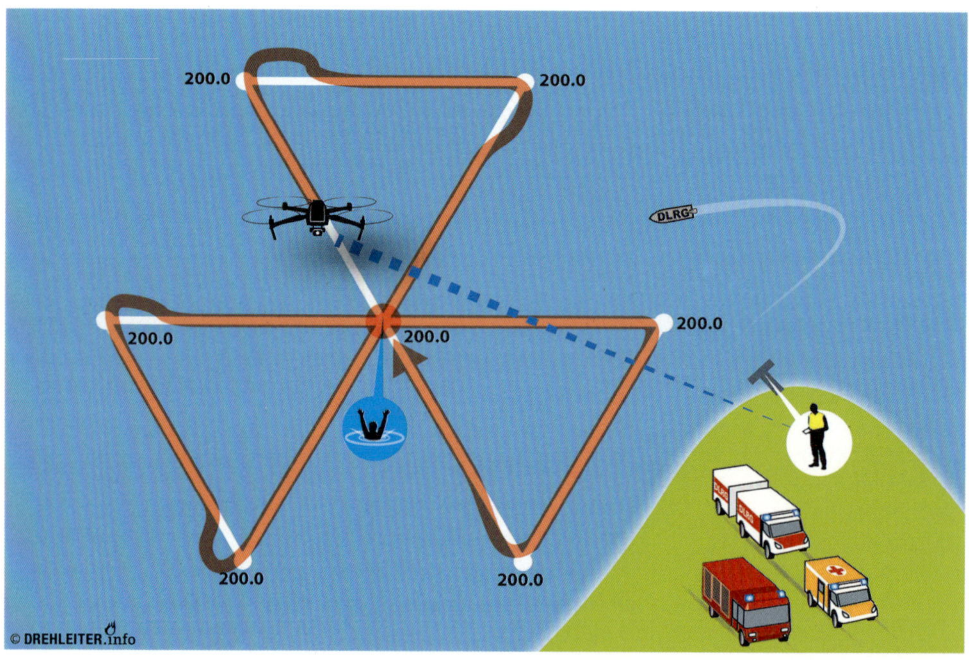

Bild 69: *Mit Wärmebildkameras ausgerüstete Drohnen können sinnvoll zur Personensuche auf Gewässern eingesetzt werden.*

Übungsziele:

- Die Übungsplanung wird durch ein aktuelles Luftbild optimiert. Das Luftbild wird mit anderem Kartenmaterial und ggf. online-Luftbildern abgeglichen. Das Drohnenbild ist hierbei immer aktueller.
- Das Gewässer und Ufer wird mit der Drohne systematisch abgeflogen. Die Bilder der normalen und der Wärmebildkamera werden zusammengeführt und bewertet.
- Ein etwaiger Taucheinsatz wird von oben mittels Livestream überwacht, damit bei Komplikationen oder Lageänderungen sofort eingegriffen werden kann.
- Optional kann die Drohne mit einem Lautsprecher ausgerüstet werden. Hierüber kann rasch eine Sprach-Warnmeldung abgegeben werden.
- Optional kann eine Drohne auch mit Scheinwerfern ausgestattet werden, um auch in der Dämmerung noch die Auffindemöglichkeiten zu verbessern oder um gefundene Personen zu markieren.

Fallbeispiel 3:
Übung Gefahrgutaustritt in einer Lagerhalle

Übungsplanung	Übung	Nachbereitung
Feuerwehrplan sichten	Drohne mit Beschallung	Dokumentation – Beweissicherung
	Drohne mit Beleuchtung	Gesundheitsüberwachung
	Suche mit Kamera/auch Wärmebildkamera	Auswertung zur Verbesserung der Einsatztaktik

Übungsziele:

- Es wird ein Luftbild erstellt, um austretende Dämpfe, Rauch oder andere Auffälligkeiten im Dachbereich festzustellen.
- Eine Drohne, mit Lautsprecher ausgestattet, wird in die Halle geflogen. Dort befindliche Personen werden aufgefordert, sich bemerkbar zu machen.
- Die Drohne erkundet mit Kamera/Wärmebildkamera; ggf. eine zweite Drohne für die Beleuchtung vorhalten. Ziel ist es, den Ort innerhalb der Halle zu lokalisieren und wenn möglich Kennzeichnungen des Gefahrguts zu erkennen. Das dient zur Vorerkundung und Risikominimierung für die vorgehenden Einsatzkräfte.
- Dokumentation/Beweissicherung/Gesundheitsüberwachung, um ggf. eine nachträgliche Anerkennung von Berufskrankheiten zu unterstützen.

Bild 70: ***Gerade in gefährlicher Atmosphäre kann der Einsatz von Drohen oder Robotern zur Erkundung und Gefahrenbeseitigung sinnvoll sein.***

8.2 Praxiserfahrungen für Drohnen in Übung und Einsatz

Damit Drohnen bei den Feuerwehren, Rettungsdiensten und Hilfsorganisationen künftig zum Standard gehören, müssen die Einsatzleiter über die Einsatzoptionen der Fluggeräte informiert sein.

Bei jeder Übung ab der Stufe 2 sollte daher überlegt werden, ob man auch Drohnen sinnvoll einbinden könnte. Diese Entscheidung ist sorgfältig zu treffen, denn der unnütze Übungseinsatz von Drohnen bindet Ressourcen und würde die Akzeptanz in der Organisation verringern. Wenn also keine relevanten einsatztaktischen Schlüsse aus dem Drohneneinsatz gezogen werden können, muss eine Drohne nicht zwangsläufig eingebunden werden. Denn: Insbesondere eine Liveübertragung des Drohnenbildes fesselt Personal an einen Monitor!

Jede Übung mit Drohnen sollte möglichst auch Synergieeffekte liefern. Ideal ist es, Übungen so anzulegen, dass man das erzeugte Bildmaterial für die echte Einsatzplanung der Organisation verwenden kann. Als Beispiel: Man wählt eine Lagerhalle für die Übung, für die man künftig einen Einsatzplan benötigt.

Merke:

Grundsätzlich die kleinstmögliche Drohne für die jeweilige Aufgabenerfüllung verwenden. Das Risiko eines Totalverlustes und die damit entstehenden Kosten bleiben somit gering.

9 Presse- und Medienarbeit

»Tue Gutes und rede darüber.« Dieses Zitat des deutschen Politikers Walter Fisch (1910–1966) ist zu einem Grundsatz der Presse- und Öffentlichkeitsarbeit geworden. Dieser Grundsatz sollte auch immer dann gelten, wenn Organisationen Einsatzübungen durchführen. Insbesondere im Ehrenamt ist der Lohn für die geleisteten Tätigkeiten oft die mediale Berichterstattung durch Zeitungen, in den Nachrichten im Fernsehen oder im Radio.

Merke:

Eine Einsatzübung ist grundsätzlich ein Ereignis von medialer Relevanz.

Behörden und Organisationen haben von Rechts wegen eine Auskunftspflicht auf Nachfrage über ihre Tätigkeiten gegenüber den Medien. Diese Pflicht kann auch proaktiv bedient werden, indem man Journalisten, Fotoreporter und Kamerateams von Nachrichtenagenturen schon vorab über eine Einsatzübung informiert und sie sogar zur Begleitung einlädt. Folgender Vorteil kann dadurch entstehen: In den Medien wird vorab über die Einsatzübung berichtet, es kann das Interesse der Bevölkerung geweckt werden, zuzuschauen, sofern dies möglich ist. Andernfalls kann schon eine Sensibilisierung über mögliche Einschränkungen im Alltag, wie temporäre Straßensperrungen erfolgen.

9.1 Klassische Medien (Print, TV, Radio)

Die klassischen Medien, lokale Zeitungen, regionale TV-Sender und Radiosender zu informieren, lohnt sich in fast allen Fällen, wenn Einsatzübungen durchgeführt werden. Hierzu sollte eine schriftliche Vorankündigung eine Woche vor der eigentlichen Übung an die Redaktionen versandt werden. Das gibt diesen dann ausreichend Zeit, Journalisten, Fotografen oder Kamerateams einzuplanen und zur Übung zu entsenden.

Für die mediale Betreuung während der Übung vor Ort sollte es mindestens einen Ansprechpartner geben. Sinnvollerweise ist dies der Pressesprecher der Organisation, der nicht nur über den Übungsinhalt und die Übungsziele umfassend berichten kann, er ist auch in der Lage weitergehende Informationen zu der Organisation als Ganzes zu geben.

Bild 71: ***Für O-Töne sollte ein Pressesprecher zur Verfügung stehen.***

Im Nachgang zu einer Übung sollte grundsätzlich eine Pressemitteilung geschrieben und verschickt werden. Diese kann beispielsweise über das Presseportal von »news-aktuell« ausgesandt werden. Hierbei hat man eine hohe Reichweite der Pressemitteilung und einen vergleichsweise geringen Pflegeaufwand für den eigenen Redaktionsverteiler.

Wer als Organisation lieber eine kostenfreie Verteilung nutzen möchte, kann die Pressemitteilung klassisch per E-Mail versenden. Dabei sollte beachtet werden, dass die Aussendung grundsätzlich mit einem nicht veränderbaren PDF erfolgt.

Merke:

Einsatzkräfte, die in der Presse- und Öffentlichkeitsarbeit einer Organisation eingesetzt werden, müssen für ihre Tätigkeit aus- und regelmäßig fortgebildet werden. Ein »Der kann das schon!« genügt den heutigen Anforderungen an eine moderne und effiziente Pressearbeit nicht mehr.

9.2 Social Media

Eine umfassende Presse- und Öffentlichkeitsarbeit ist heute ohne soziale Medien kaum mehr vorstellbar. Facebook, Instagram, YouTube, Twitter und andere Plattformen bieten verschiedene Möglichkeiten, um über eine geplante, eine laufende oder auch über eine erfolgreich absolvierte Einsatzübung zu informieren. Dabei bieten die unterschiedlichen Kanäle verschiedene Möglichkeiten:

- Veranstaltungen mit Termin und Uhrzeit können bei Facebook vorgeplant und beworben werden.
- Live-Videos können beispielsweise über die Social-Media-Kanäle Instagram, Facebook oder Twitter ausgespielt werden.
- Eine Fotostory kann über Instagram nahezu live ausgespielt werden und so Interesse auf die Berichterstattung der Übung wecken.
- Videos mit Erklärungen zu den Übungen und verschiedenen Blickwinkeln können im Nachgang über YouTube veröffentlicht werden.
- Über Facebook können nach der Übung ebenfalls Bilder und Videos verbreitet werden. Somit erhöht man die Reichweite und schafft ein Interesse an der eigenen Organisation.

Bild 72: ***Mithilfe von Social-Media-Tools kann die professionelle Medienarbeit in den sozialen Medien erleichtert werden.***

Jeder Social-Media-Kanal hat eine eigene Zielgruppe und eine eigene Sprache. Ein und denselben Inhalt über alle verfügbaren Medien zu verteilen, ist nicht sinnvoll und könnte die spezifische Zielgruppe des Kanals vergraulen. Inhalte sollten lieber für den jeweiligen Kanal in Inhalt, Art und Sprache angepasst werden, auch wenn es einen zeitlich größeren Aufwand bedeutet. Der Erfolg wird messbar sein.

Merke:

Für eine erfolgreiche Kommunikationsstrategie sollten die Inhalte für jeden einzelnen Social-Media-Kanal individuell angepasst werden.

Als Beispiel: Nicht jedes Foto, das auf Instagram richtig viral läuft, ist für Twitter geeignet. Wenn man keine Zeit hat, jeden Kanal mit sorgfältig aufbereitetem Content zu bespielen, sollte man diesen im Zweifel lieber aus der Kommunikationsstrategie für die betreffende Berichterstattung weglassen.

Während die eigentliche Übung von Feuerwehren, Rettungsdiensten und anderen Hilfsorganisationen läuft, kann ein Virtual Operations Support Team (VOST) unterstützend tätig werden und dabei selbst üben. Ein VOST ist eine Einheit für die digitale Einsatzunterstützung, die das Lagebild in digitalen Netzwerken, den sozialen Netzwerken und dem Internet erkundet und die hieraus gewonnenen Informationen an die Einsatz- bzw. hier Übungsleitung weitergibt. Somit kann ein besseres allgemeines Lagebild erstellt werden.

Bild 73: ***Ein Virtual Operations Support Team (VOST) kann die allgemeine Lage einer Einsatz- oder Übungsleitung verbessern.***

9.3 Kriterien für Presseeinladung

Grundsätzlich kann eine Information nach jeder Einsatzübung an Presse- und Medienvertreter verschickt werden. Die Redaktionen wählen aus, was für die Öffentlichkeit von Interesse sein kann und »ins Blatt« kommt. Daher als Grundsatz lieber mehr als weniger schreiben.

Für die eigene Internetseite eignet sich ein Bericht zudem allemal, wenn er erst einmal geschrieben ist. Für größere Einsatzübungen, ab Stufe 2 gemäß diesem Buch, sollten regionale Presse- und Medienvertreter vorab informiert und zu der Übung eingeladen werden. Hierbei sollte dann, wie einleitend beschrieben, eine Begleitung durch den Pressesprecher der Organisation während der Übung stattfinden.

Für organisationsübergreifende Einsatzübungen kann es sinnvoll sein, auch überregionale Presse- und Medienvertreter, Radio- und TV-Sender einzuladen. Sind mehrere Organisationen an der Übung beteiligt, muss eine Abstimmung der jeweiligen Pressesprecher untereinander erfolgen: Wer sagt was wann? Eventuell kann es sinnvoll sein, im Nachgang zu der Einsatzübung eine kleine Pressekonferenz durchzuführen, bei dem anwesende Medienvertreter Statements und O-Töne aus den beteiligten Organisationen erhalten können.

Merke:

Je größer die Übung, desto umfassender muss die Presse- und Öffentlichkeitsarbeit vorbereitet werden.

10 10-Schritte-Konzept als Zusammenfassung

Um einen einheitlichen, effektiven und an die eigene Organisation angepassten Übungsverlauf zu erreichen, kann das folgende von den Autoren entwickelte »Zehn-Schritte-Konzept für Übungen von Feuerwehren, Rettungs- und Hilfsdiensten« verwendet werden. Die einzelnen Schritte sollen dabei nacheinander abgearbeitet werden.

1. Schritt: Übungsbedarf ermitteln

- Zu welchem Zweck soll die Übung durchgeführt werden?
  - Qualitätssicherung,
  - Zusammenarbeit mit Dritten,
  - Überprüfung von neuen oder vorhandenen Einsatzkonzepten/ Standardeinsatzregeln,
  - objekttaktische Übung an besonderen Objekten z. B. Krankenhaus usw.

2. Schritt: Verantwortliche benennen

Die Leitung der Organisation bestimmt einen Übungskommandanten. Dieser stellt sein Team zusammen.

3. Schritt: Übungsauftrag entwickeln

Der Übungskommandant erarbeitet mit seinem Team die Übungsziele und stimmt sie mit Leitung der Organisation ab.

4. Schritt: Übung planen

Festlegen von Kontrollpunkten, Anforderungen an Teilnehmende. Ermitteln der benötigten Ressourcen und Anforderungen an die erforderlichen Einheiten.

5. Schritt: Übung durchführen

Bevor die Übung beginnt, müssen die Schiedsrichter, Darsteller und Teilnehmer in die Übung eingewiesen werden. Den Startschuss zur Übung gibt der Übungskommandant. Die Übungssteuerung obliegt der Übungsleitung mit dem Übungskommandanten. Er beendet auch die gesamte Übung.

6. Schritt: Schlussbesprechung

Die Schlussbesprechung ist die erste Auswertung der Übung direkt vor Ort und wird von der Übungsleitung organisiert. Sie enthält eine erste Zusammenfassung der Erkenntnisse und die Kontrolle, ob Übungsziele erreicht wurden. Die Schlussbesprechung ersetzt nicht die Übungsnachbereitung.

7. Schritt: Auswerten und Sichern der Aufzeichnungen

Die Übungsleitung sammelt alle verfügbaren Aufzeichnungen der Übung zusammen und führt Resonanzgespräche mit allen Schiedsrichtern für eine finale Auswertung der Übungsziele.

8. Schritt: Übungsnachbereitung

In der Übungsnachbereitung werden die Erkenntnisse und Dokumentationen der Übungsleitung umfassend analysiert und ausgewertet. Dabei fließen auch die Berichte der Übenden mit ein.

9. Schritt: Schlussfolgerungen für künftige Einsätze

Alle Informationen aus der Übungsnachbereitung, die für zukünftige Einsätze, die Einsatzkonzepte oder für die Aus- und Fortbildung bedeutsam sind, sind aufzubereiten. Einarbeiten der Erkenntnisse in die vorhandenen Konzepte.
Die zwei folgenden Fragen sollten nach Abschluss der Auswertung beantwortet werden:

1. Akut: Was lässt sich jetzt, heute, sofort umsetzen/ändern?
2. Perspektivisch: Was lässt sich mittel- und langfristig umsetzen/ändern?

10. Schritt: Abschlussbericht

An die Leitung der Organisation wird ein Abschlussbericht übermittelt. Alle Daten der Übung werden im Rahmen des Wissensmanagements archiviert.

Bild 74: ***Gerade bei Einsatzübungen mit Einheiten der eigenen Organisation und anderen Organisationen zusammen sollten die Übungsaufträge (Schritt 3) für die jeweilige Organisation in einer gemeinsamem Übungsplanung (Schritt 4) zusammengeführt werden.***

Fazit

Einsatzkräfte von Feuerwehren, Rettungs- und Hilfsdiensten müssen auf ihre herausfordernden Aufgaben und Einsätze bestmöglich vorbereitet sein. Denn bei den Einsätzen geht es häufig um nicht weniger, als das Leben anderer Menschen zu retten.

Eine grundlegende Ausbildung ist erforderlich, um grundlegendes Wissen, um grundlegende Fertigkeiten für den Einsatz zu erlernen. Das vorhandene Wissen kann und muss dann mit Übungen gefestigt, vertieft, erweitert und erneuert werden.

Diese Übungen sollten dann nicht irgendwie durchgeführt werden, sondern anhand einer klaren Struktur vorbereitet, umgesetzt und analysiert werden. Nur so lässt sich eine langfristige Sicherung des Lernerfolges erzielen. Dies dient dann nicht nur der individuellen Entwicklung jeder einzelnen Einsatzkraft, sondern der Qualitätssicherung der ganzen Organisation.

Einsatzübungen dürfen und müssen dabei hohe kreative Ansprüche an die Übungsziele und die Durchführung haben. Denn, das zeigt die Vergangenheit, es gibt sie immer wieder: Einsatzlagen, die man sich nicht ausdenken kann.

Dabei ist genau dieses kreative »Ausdenken der Lage« mit dem anschließenden Beüben, was Einsatzkräfte im Realeinsatz komplexe Herausforderungen mit effizienten Lösungen bewältigen lässt.

Dieses Fachbuch ist die Anleitung zu diesem vorausschauenden Handeln für Einsatzkräfte von Feuerwehren, Rettungs- und Hilfsdiensten.

Bild 75: *»Kannst Du Dir nicht ausdenken«: Ein Linienbus kracht in den S-Bahnhof in Hamburg-Bergdorf.*

Literaturverzeichnis

Beneke, N. und J. O. Unger, Europäische Standards für die Ausbildung von Hubrettungsfahrzeugen. 2019.

Beneke, N., EUROFFAD – Kurs C3, Anlegen von Übungen. 2019, www.drehleiter.info.de, letzter Zugriff 15.12.2020.

Bundesamt für Bevölkerungsschutz und Katastrophenhilfe (BBK): Empfehlungen für Gemeinsame Regelungen zum Einsatz von Drohnen im Bevölkerungsschutz, online abrufbar unter: https://www.bbk.bund.de/SharedDocs/Downloads/BBK/DE/Publikationen/Broschueren_Flyer/Empfehlungen_Geme_Regelungen_Drohneneinsatz_BevS.pdf?__blob=publicationFile, letzter Zugriff 28.10.2020.

Bundesministerium für Bildung und Forschung: Bund-Länder-Koordinierungsstelle, DQR-Niveaus, online abrufbar unter: https://www.dqr.de/content/2315.php, letzter Zugriff 28.10.2020.

DIN Deutsches Institut für Normung e. V., DIN EN ISO 9001:2015-11 Qualitätsmanagementsysteme – Anforderungen. 2015, Beuth Verlag GmbH: Berlin.

Eidgenössisches Department für Verteidigung, Bevölkerungsschutz und Sport., Anlegen und Durchführen von Einsatzübungen. 2011.

Feuerwehr-Dienstvorschrift 2 – Ausbildung der Freiwilligen Feuerwehren. 2012.

Feuerwehr-Dienstvorschrift 100 – Führung und Leitung im Einsatz. 1999.

Hackstein, A., et al., Handbuch Simulation. 2016, Edewecht: Stumpf + Kossendey Verlag.

Hagemann, V., Trainingsentwicklung für High Responsibility Teams. 2011: Pabst Science Publisher.

Jakob, J., Hell-Dunkel-Adaptation, Online abrufbar unter: https://biologie-lernprogramme.de/daten/html/basiskonzept_information/daten/html/29_Adaptation.html, letzter Zugriff 15.12.2020.

Karlen, R., Handbuch Methodik/Didaktik für die Instruktion. 2018, Bern: Feuerwehr Koordination Schweiz FKS.

Kreutzer, J. S., J. DeLuca, und B. Caplan, Encyclopedia of Clinical Neuropsychology. 1. Auflage 2011, New York: Springer-Verlag.

Rempe, A., K. Klösters, und C. Slaby, Das Planspiel als Entscheidungstraining. 3., überarbeitete und erweiterte Auflage. 2014, Stuttgart: W. Kohlhammer GmbH.

SimplyScience.ch: Ob Hell oder Dunkel – Unser Auge passt sich an, online abrufbar unter: https://www.simplyscience.ch/teens-liesnach-archiv/articles/ob-hell-oder-dunkel-unser-auge-passt-sich-an.html, letzter Zugriff 15.12.2020.

Strott, M. und J. T. Demel, Übungen – Planung und Durchführung. 2015: ecomed SICHERHEIT.

Thews, G., E. Mutschler, und P. Vaupel, Anatomie, Physiologie, Pathophysiologie des Menschen. Vol. 5. 1999, Stuttgart: Wissenschaftliche Verlagsgesellschaft.

Thöne, J., Einsatzstellenorientierung, W. Kohlhammer GmbH, Stuttgart, 2017.

Unger, J. O., N. Beneke, und K. Thrien, Hubrettungsfahrzeuge – Ausbildung und Einsatz. 3., überarbeitete Auflage. 2019, Stuttgart: W. Kohlhammer GmbH.

Anlagen

A1 Einbindung externer Stellen

Beispiele für Behörden, Organisationen und Hilfskräfte, die bei einer Übung mit eingebunden werden können und möglicherweise sogar müssen, sofern der Zuständigkeitsbereich der genannten Organisation oder Behörde während der Übung betroffen ist. Folgende Aufzählung kann hierzu als Checkliste genutzt werden:

Beteiligte Stelle	Einbindung bei der Übung
Bauamt	Statik kontrollieren
Bundeswehr	Zivil-Militärische Zusammenarbeit, Unterstützung und Beratung
Verkehrsbetriebe (Straße, Schiene, Wasser, Luft)	Zusammenarbeit mit Notfallmanager und Verkehrslenkung, Einstellen Flugbetrieb durch Tower
Kommunalverwaltung (Ordnungsamt, Schulamt, Sozialamt, Straßenbaulastträger, Wohnungsamt usw.)	Unterbringung von Personen, lokale Gefahrenabwehrbehörde, Zuständigkeiten abgrenzen, Kommunikationswege prüfen, Zusammenarbeit von Stäben
Energieversorgungsunternehmen (Gas, Elektrizität, Wasser)	Abschalten der Energieversorgung, Meldewege
Forstverwaltung	Waldbrandalarmpläne, Einbindung in Entscheidungen, Beratung der EL
Gesundheitsbehörde, Gewerbeaufsicht, Wasserschutzbehörde, Umweltschutzbehörde	Unterstützung und Beratung, Abstimmung und Abgrenzung der Aufgaben und Zuständigkeiten, Übergabe der Einsatzstelle
Hilfeleistende Handwerks- und Gewerbebetriebe, zum Beispiel Glaser-, Schlosser-, Tischlerinnung, Transport- und Bergungsunternehmen, Baustoffhandlungen	Unterstützung und Beratung, Lieferung von Übungsmaterialien
Feuerwehr	Einbindung von Einheiten für Brandschutz, Technische Hilfeleistung oder ABC-Gefahrenabwehr

Beteiligte Stelle	Einbindung bei der Übung
Hilfsorganisationen (ASB, Bergwacht, DLRG, DRK, MHD, JUH, karitative Verbände)	Einbindung von Fachberatern, Fachkomponenten oder speziellen Einsatz-Einheiten (SEG)
Notfallseelsorge/ Kriseninterventionsteams	unverletzte Beteiligte, Angehörige bei akut psychisch traumatisierenden Ereignissen betreuen
Bundespolizei, Landespolizei	Absperr- und Sicherungsmaßnahmen, Ermittlungen von Brandursachen, zentrale Auskunfts- und Vermisstenstelle (GAST/EPIC)
Presse, Rundfunk, Fernsehen	Medienarbeit zur Übung, Übungspressekonferenz
Rettungsdienst	Einsatzmöglichkeiten, Übergabepunkte zwischen technischer und medizinischer Rettung beüben
Technisches Hilfswerk (THW)	technische Unterstützung bei Bergungs- und Instandsetzungsaufgaben, spezielle technische Hilfe
Verantwortliche Personen gefährdeter oder geschädigter Betriebe	Einbindung der Eigentümer/Mieter, Absprachen und Meldewege überprüfen
Virtual Operations Support Team (VOST)	Lageerkundung in Internet, digitalen/ sozialen Netzwerken
Wasser- und Schifffahrtsverwaltung	Koordination von Maßnahmen auf Wasserstraßen, Sperrungen, Meldewege

A2 Konzept

1. allgemeine Angaben	
Übungsthema:	
Datum/Zeit:	Übungsobjekt:
Übende Kräfte:	Übungskommandant:
2. Übungsziele	
Einheiten:	
Führungskräfte:	
Einsatzkräfte:	
3. Übungslage	
4. Skizze der Übungslage	
5. Auftrag für übende Kräfte	

6. Organisatorisches
Organisation der Übungsleitung:
Zusätzliches Personal:
Zusätzliches Material:

7. Phasenplan			
Nr.	Zeit	Ereignisse/mögliche Reaktionen/ Organisatorisches	Bemerkungen

8. Besprechung vor Übungsbeginn (Zeit, Ort, Teilnehmer, Themen)

A3 Drehbuch

Organisation:
Datum:

Übung: Drehbuch

Nr.	Zeit	Mittel	Ereignis	Erwartete Maßnahmen	Bemerkung

Seite 1

Verfasser:

A4 Ereignisblatt

<table>
<tr><td>Nr.:</td><td>Kommunikationsmittel:</td><td>An:
Von:</td></tr>
<tr><td colspan="3">Abgangsort/Datum/Zeit:

Betreff:</td></tr>
<tr><td colspan="3">(Befehle, Lageveränderung)</td></tr>
</table>

A5 Übungsbefehl

Organisation:
Übung:

Übungsbefehl für die Übung vom ....

Übungsthema und Zielsetzung
Übungsthema
Übungsziele (Einheit, Führung, Einsatzkräfte)
Übende Kräfte
Übungsdauer
Übungsleitung
Übungskommandant
Schiedsrichter
Darsteller
Einführung der übenden Kräfte durch den Übungskommandanten
Regeln für die Übung (bspw. spezielle Hinweise zum Umgang mit Ereignissen)
Sicherheitsregeln
PSA und Equipment
Schiedsrichter
Darsteller
Einsatzmittel/Fahrzeuge
Übungsobjekt/Zugänglichkeiten
Übungsbesprechung
Schlussbesprechung

A6 Checkliste für den Übungskommandanten

Unterlagen

Was	Kontrollpunkte	Kontrolle
Ausbildungsstand der Einheit	Entspricht die geplante Übung dem Ausbildungsniveau der Einheit?	□
Übungsthema	Ist das Szenario plausibel?	□
	Entsprechen die geplanten Themen und Tätigkeiten dem Auftrag der Organisation?	□
Übungsziele	Sind die Übungsziele zweckmäßig und messbar? Übungsinhalt: Was wird geübt? Bedingung: Was muss berücksichtigt werden? Bewertungskriterien: Wann ist das Ziel erreicht?	□
	Sind Ziele pro Stufe (Einheit, Führung, Einsatzkräfte) formuliert?	□
	Müssen Führungsentscheidungen getroffen werden?	□
Übungsinhalte	Sind genügend Aufgaben für die übenden Kräfte und die geplante Zeit vorhanden?	□
	Passen die Durchführungszeiten zu den Aufträgen?	□
	Sind genügend Arbeitsplätze vorhanden?	□
	Ist der Übungsablauf nachvollziehbar und realistisch?	□
	Sind Vorgaben für die Steuerung der Übung vorhanden?	□
Dokumente	**Wurden die nötigen Dokumente erstellt?**	
	Konzept	□
	Drehbuch	□
	Ereignisbeschreibungen	□
	Kontrollpunkte	□
	Befehl	□

Durchführung

Was	Checkpunkte	Kontrolle
Übungsstart	Ist die Bekanntgabe der Übungsziele geplant?	□
	Ist die Befehlsausgabe für die Einheit vorbereitet (Zeit und Ort)?	□
	Werden alle Beteiligten über die Ausgangslage und die Rahmenbedingungen informiert?	□
	Sind die ersten Aufträge konkret und klar ausformuliert (z. B. Alarmierungsmeldung)?	□
Zusätzliches Personal	Wurden die Aufgaben in der Übungsleitung klar zugewiesen?	□
	Sind entsprechend vorbereitete Darsteller eingeplant und organisiert?	□
	Wurde eine Leitung für die Darsteller benannt?	□
	Ist ein Briefing mit den Darstellern eingeplant?	□
	Sind Schiedsrichter eingeplant und ist die Einweisung organisiert?	□
	Ist zusätzliches Hilfspersonal geplant? (Vorbereitung der Übungslage usw.)	□
	Wurden externe Fachberater organisiert?	□
Objekte	Sind die Objekte organisiert?	□
	Wurden Eigentümer, Mieter informiert?	□
	Sind die Übungsobjekte den Übungsinhalten angepasst?	□
Material	Ist Übungsmaterial (bspw. Nebelmaschine) geplant und vorhanden?	□
	Sind technische Hilfsmittel funktionsfähig?	□
	Sind die Kennzeichnungswesten für Übungsleitung und Schiedsrichter vorhanden?	□
Fahrzeuge	Sind zusätzliche Fahrzeuge für die Übungsleitung oder für die Gäste organisiert?	□
	Sind Fahrzeuge für die Verpflegung notwendig und bei Bedarf organisiert?	□

Was	Checkpunkte	Kontrolle
Kommunikation	Sind die Kommunikationswege innerhalb der Übungsleitung vorbereitet?	□
	Sind bei Übungsbeginn alle Beteiligten an den Funkgeräten ausgebildet?	□
	Ist eine Kommunikationsskizze und Telefonliste vorhanden?	□
	Sind Funkgeräte, Telefone vorhanden und einsatzbereit?	□
Verpflegung	Sind Pausen und Verpflegung organisiert?	□
	Sind Gäste und die Übungsleitung in der Verpflegung mitberücksichtigt?	□
Sicherheit	Ist das Verhalten bei Notfällen festgelegt und bekannt?	□
	Wurde bei Bedarf die zuständige Leitstelle informiert?	□
Schluss-besprechung	Ist die Schlussbesprechung strukturiert und vorbereitet?	□
	Sind die Kontrollpunkte bestimmt?	□
	Ist der Durchführungsort der Schlussbesprechung geeignet und bekannt?	□
	Erhalten alle übenden Kräfte eine Rückmeldung, ob Übungsziele erreicht wurden?	□
	Ist ein Vorbereitung für die Absprache mit den Schiedsrichtern eingeplant?	□
Übungs-nachbereitung	Ist ein Zeitfenster für die Übungsnachbereitung eingeplant?	□
	Sind die Teilnehmer für die Übungsnachbereitung bestimmt?	□
	Ist die Ablage der Übungsdokumentation sichergestellt?	□